深度学习
技术与应用

许桂秋 余 洋 周宝玲 ◎ 主 编
于琦龙 张卓彤 姜元政 ◎ 副主编

人民邮电出版社
北 京

图书在版编目（ＣＩＰ）数据

深度学习技术与应用 / 许桂秋，余洋，周宝玲主编
. -- 北京 ： 人民邮电出版社，2023.7
（人工智能技术与应用丛书）
ISBN 978-7-115-61140-6

Ⅰ．①深… Ⅱ．①许… ②余… ③周… Ⅲ．①机器学
习－高等学校－教材 Ⅳ．①TP181

中国国家版本馆CIP数据核字(2023)第019488号

内 容 提 要

  本书旨在介绍人工智能中深度学习的基础知识，为即将进入深度学习领域进行研究的读者奠定基础。全书共
12 章，其中，第 1～4 章为理论部分，第 5～12 章为应用部分。理论部分介绍了机器学习和深度学习的基本内容，
以及 TensorFlow 开发框架的搭建和使用；应用部分设置了多个项目案例，并介绍了这些案例详细的实现步骤和代
码，使读者在练习中熟悉和掌握相关知识的应用方法与技巧。

  本书采用项目驱动的编写方式，做到了理论和实践的结合。每个项目案例都提供配套的数据源文件和源代码
文件，使读者可以直接感受案例效果。读者也可以在相关案例代码的基础上调整相关参数，得到不一样的结果，
以加深理解。

  本书适合作为高等院校的人工智能课程教材，也可作为人工智能相关培训的教材。

 ◆ 主　　编　许桂秋　余　洋　周宝玲
  副 主 编　于琦龙　张卓彤　姜元政
  责任编辑　张晓芬
  责任印制　马振武
 ◆ 人民邮电出版社出版发行　北京市丰台区成寿寺路 11 号
  邮编　100164　电子邮件　315@ptpress.com.cn
  网址　https://www.ptpress.com.cn
  三河市君旺印务有限公司印刷
 ◆ 开本：787×1092　1/16
  印张：14　　　　　　　　　2023 年 7 月第 1 版
  字数：298 千字　　　　　　2023 年 7 月河北第 1 次印刷

定价：69.80 元

读者服务热线：(010)81055493　印装质量热线：(010)81055316
反盗版热线：(010)81055315

前　言

　　人工智能已经成为当今计算机领域的热门技术，被广泛应用于工作和生活中。常见的人工智能应用有人脸识别、商品推荐、情感分析、自动驾驶等。人工智能领域中最直接的实现方式就是让机器拥有学习的能力，即通过将大量的数据（学习样本）"灌输"给机器，让它进行学习和解析，从而使它拥有一定的预测和判断能力。随着数据的复杂化，人工智能需要多层的神经网络模型来处理输入数据，这就衍生出机器学习的一个分支——深度学习。

　　深度学习的相关术语、数学公式、各类算法等对于初学者而言比较难以理解，本书将尽可能通俗易懂地介绍这些内容，并通过大量实例帮助读者掌握深度学习的基本内容。全书共12章，其中，第1~4章为理论部分，第5~12章为应用部分，具体安排如下。

　　第1章和第2章介绍人工智能、机器学习、深度学习的基本概念和应用领域；第3章和第4章介绍深度学习主要的开发框架——TensorFlow的安装和使用。从第4章开始，本书将采用理论和实践相结合的方式介绍相关内容。第5~12章设置了MNIST数据集识别、Fashion MNIST数据集识别、CIFAR-10数据集识别、猫狗图像识别、人脸表情识别、Flowers数据集的超分辨率修复等与日常生活较为相关的项目实践。其中，第6章介绍神经网络的优化方法，第11章介绍生成对抗网络的原理及实现。

　　本书的所有项目实践采用Python 3.6与Jupyter Notebook来完成。由于编者水平有限，书中难免存在不足之处，恳请广大读者批评指正。

　　此外，本书提供课件、源代码等学习资源。读者可扫描下方二维码，关注并回复数字61140进行获取。

编者

2023年5月

目 录

第 1 章

绪 论

深度学习的兴起使其成为机器学习领域的一个新研究方向。深度学习能够让机器像人一样具有学习和分析能力，能够识别文字、图像、声音等数据，模仿人类行为，解决了很多复杂的模式识别难题，促进人工智能相关产业取得巨大的发展。

学习目标

- 了解人工智能的概念和三大学派。
- 掌握机器学习的概念和分类。
- 理解浅层学习和深度学习的概念。

本章将从人工智能、机器学习、浅层学习、深度学习等方面进行介绍，其中包括人工智能的概念和三大学派、机器学习的概念和分类、浅层学习和深度学习的概念及它们之间的区别。

1.1 人工智能

人工智能是一门技术学科，机器学习是人工智能的一个分支，而深度学习又是机器学习的一个分支。机器学习与深度学习都需要大量数据进行训练，因而是大数据技术的一种应用。此外，深度学习还需要更强大的运算能力提供支撑，如图形处理单元（Graphics Processing Unit，GPU）。人工智能、机器学习和深度学习的关系如图 1-1 所示。

图 1-1　人工智能、机器学习和深度学习之间的关系

1.1.1　人工智能简介

在介绍人工智能之前，我们要先了解智能到底是什么。智能其实就是智力和能力的总称。著名的心理学家霍华德·加德纳提出了著名的多元智能理论，他认为人类个体独立存在着 8 种智能，分别为：空间智能、语言智能、人际智能、自省智能、数理智能、音乐智能、肢体/动作智能、自然观察智能。

人工智能，即人工的智能，使人造的、能像人类一样思考和行动的机器拥有多元智能理论中的 8 种智能。对于大多数人而言，了解人工智能的主要方式是看科幻片。科幻片里面的机器人有着人类般的思维意识、情感及超凡的能力，但在现实中，人工智能目前的大多数应用场景并没有像科幻片里那样酷炫强大，而是如推荐感兴趣的文章和商品、帮我们过滤垃圾邮件，以及人脸识别、语音识别和汽车自动驾驶，等等。

人工智能的发展历史可以追溯到公元前哲学界的亚里士多德，他提出的三段论在演绎推理方面影响至今，为人工智能的发展提供了有力的理论支撑。1956 年被称为人工智能元年，在当年举办的达特茅斯会议中，人工智能之父约翰·麦卡锡、人工智能奠基者马文·明斯基、信息论创始人克劳德·香农、计算机科学家艾伦·纽厄尔、诺贝尔经济学奖获得主赫伯特·西蒙等科学家聚到一起，讨论如何使用机器模仿人类的智能。在两个月的漫长会议中，尽管有很多分歧导致他们没有达成普遍共识，但他们起了一个名字——人工智能，这标志着人工智能的诞生。

现实中接触到的人工智能大多属于弱人工智能，只专注于完成某个特定的任务，模拟人类在某方面的智能，比如人脸识别和语音识别。相对地，强人工智能则具有人类的各种能力，比如独立思考、自我意识、喜怒哀乐、推理归纳等。但是目前强人工智能发展得比较缓慢，更像是一种美好的幻想。强人工智能是人工智能的最终目标。

1.1.2　人工智能三大学派

人工智能从提出概念到发展至今，已有 60 余年的时间。在人工智能的发展过程中，计算机科学、生物学、心理学、神经科学、数学、哲学等学科的研究人员基于自己学科的知识体系，并结合自己对人工智能的理解及不断的研究，将人工智能分成了三大学派：符号主义、连接主义和行为主义。

（1）符号主义：认为人工智能源于数理逻辑，旨在用数学和物理学中的逻辑符号表达思维的形成，通过大量的"如果-就"规则定义，产生像人类智能一样的智能。符号主义曾长期一枝独秀，为人工智能的发展作出重要贡献。即便是在人工智能的其他学派出现之后，符号主义仍是人工智能的主流派别。

（2）连接主义：认为人工智能源于仿生学，主张智能来自神经元之间的连接，这种连接让计算机模拟人类大脑中的神经网络及其连接机制。目前来看，人工神经网络的研究热度仍然较高，但研究成果并没有像预想的那样好。

（3）行为主义：认为人工智能源于控制论，是基于感知行为的控制系统，使每个基本单元实现自我优化和适应。这是一个自下而上的过程，典型的行为主义代表有进化算法和多智能体。

综合来看，人工智能研究进程中的这 3 种主义都推动了人工智能的发展，它们既可以相互融合，又可以求同存异。

1.2　机器学习

人们对计算机科学的期望越来越高，要求它解决的问题也越来越复杂，但计算机科学当前的发展水平远远不能满足人们的诉求。于是，有人提出了一种思路——让机器自己去学习。

1.2.1　机器学习简介

纵观机器学习的历史，其发展可以分为 3 个阶段：20 世纪 80 年代的连接主义，代表性工作有感知机和神经网络；20 世纪 90 年代的统计学习方法，代表性方法有支持向量机算法；进入 21 世纪后，随着深度神经网络的提出，连接主义再次流行。而随着数据量的增加和计算能力的不断提高，以深度学习为基础的诸多人工智能应用逐渐成熟。

机器学习就是用算法解析数据并不断学习，进而对发生的事做出判断和预测的一种技术。机器学习可以被看作是寻找一个函数的过程，该函数的输入是样本数据，输出是期望的结果。只是这个函数过于复杂，不方便以简单的形式进行表达。

那么，机器到底是怎么学习的？机器学习的本质是什么？机器学习的核心逻辑是从历史数据中通过自动分析获得认知模型，并利用认知模型对未知数据进行预测和判定。或者换种说法：机器学习是一种从历史数据当中发现规律，并且利用规律对未来时刻、未知状况进行预测和判定的方法。

我们通过一个例子说明机器的学习过程。突然遇到一只没见过的狗，那么人是怎么知道这只狗的品种的？人在以前看见狗时，自动记录了狗的一些特征，如体型、脸型、鼻型、花色、叫声、行为等。根据这些特征对号入座，人自然知道这是一只什么品种的狗。使用机器学习来做相同的事情时，实际上模仿的就是人的处理方式——从众多的狗的图像中分析狗的特征，形成对不同品种的狗的认知模型。在这个例子，机器学习本质上就是找到一个功能函数，当输入一幅狗的图像时，这个函数返回的结果是狗所属品种的名称。这个功能函数又被称为算法。

找到算法是机器学习的核心任务之一。此外，机器学习还需要找到该算法所需的参数。归根结底，机器学习的核心任务有两个：找到合适的算法、找到该算法所需的参数。常用的机器学习算法有决策树算法、随机森林算法、逻辑回归算法、支持向量机算法、朴素贝叶斯算法、k 近邻算法、k 均值聚类算法、Adaboost 算法、神经网络、马尔可夫链算法。

1.2.2　机器学习分类

根据数据类型的不同，人们对同一个问题的建模有着不同的方式。根据所学习的样本数据中是否包含目标特征向量，机器学习可以被分为有监督学习、无监督学习和半监督学习。还有一种比较特殊的学习类型，那就是强化学习。

（1）有监督学习

有监督学习是指学习的样本数据中同时包含输入变量和目标特征变量的学习方式，其中，监督指的是已经知道样本数据所需要的输出信号或特征变量。有监督学习的主要目标是从有标签的训练数据中学习模型，以便对未知或未来的数据做出预测。在有监督学习中，常见的算法有 k 近邻算法、决策树算法、朴素贝叶斯算法和逻辑回归算法。

（2）无监督学习

无监督学习，顾名思义，就是不受监督的学习，是一种自由的学习方式。这种学习方式不需要先验知识进行指导，而是不断地进行自我认知、自我巩固，最后进行自我归纳。在机器学习中，无监督学习是指样本数据中不包含目标变量和分类标签的学习方式。无监督学习又称无指导学习。

无监督学习算法使用的输入数据都是没有被标注过的，这意味着数据只给出了输入变量（自变量），没有给出相应的输出变量（因变量）。无监督学习中最常见的算法是 k 均值聚类算法。

（3）半监督学习

半监督学习是模式识别和机器学习领域重点研究的问题，是监督学习与无监督学习相结合的一种学习方法。半监督学习使用大量的无标签数据，同时也使用有标签数据，来完成模式识别工作。当使用半监督学习时，少量的人从事相关工作即可，同时又能够带来比较高的准确性，因此，半监督学习越来越受到人们的重视。

在许多实际问题中，有标签样本数据和无标签样本数据往往同时存在，且无标签样本数据较多，有标签样本数据相对较少。半监督学习应日益强烈的解决实际问题的需求而产生，在少量样本数据标签的引导下，能够充分利用大量无标签样本数据提高学习性能，避免了数据资源的浪费，同时解决了有标签样本数据数量较少时监督学习算法泛化能力不强，以及缺少样本数据标签引导时无监督学习算法不准确的问题。

（4）强化学习

强化学习，又称再励学习、评价学习或增强学习，是机器学习的范式和方法论之一，用于描述和解决智能体在与环境交互的过程中，通过学习策略来达成回报最大化或实现特定目标的问题。

强化学习中有两个可以进行交互的对象，分别是智能体和环境。

智能体：可以感知环境的状态，并根据反馈的奖励学习选择一个合适的动作，使长期总收益最大化。

环境：接收智能体执行的一系列动作，对这一系列动作进行评价并转换为一种可量化的信号反馈给智能体。

由此可知，强化学习的关键要素有：智能体、奖励、动作、（每一步的）状态、环境。强化学习模型如图 1-2 所示。

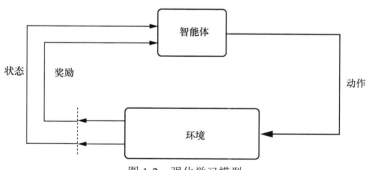

图 1-2 强化学习模型

在图 1-2 中，智能体在进行某项任务时，先与环境进行交互，产生新的状态，然后由环境给出奖励。如此循环下去，智能体和环境在不断交互中产生更多新的数据。而强化学习算法通过一系列的动作策略与环境进行交互，产生新的数据，再利用新的数据修改自身的动作策略。经过数次迭代之后，智能体就可以学习到完成任务所需要的动作策略。

1.3 浅层学习和深度学习

自 20 世纪 80 年代以来，从模型的层次结构来看，机器学习的发展大致经历了两次浪潮，分别是浅层学习和深度学习。

1.3.1 浅层学习

20 世纪 80 年代，反向传播算法的提出及被用于神经网络给机器学习带来了新希望，掀起了第一次机器学习热潮——基于统计模型的机器学习。人们发现，利用反向传播算法可以让一个神经网络模型从大量训练样本数据中通过学习得到训练样本的统计规律，从而对未知数据做预测。这种基于统计模型的机器学习方法相比于基于人工规则的方法，在很多方面显示出优越性。这个时候的神经网络虽然被称作多层感知机，但实际上是一种只含有一个隐藏层的浅层机器学习模型。

20 世纪 90 年代，各种各样的浅层机器学习模型或算法相继被提出，比如支持向量机算法、提升（Boosting）算法、最大熵方法（例如逻辑回归算法）等。这些模型或算法的结构基本上可以被看成带有一个隐藏层（如支持向量机算法、Boosting 算法），或没有隐藏层（如逻辑回归算法）。这些模型或算法无论是在理论上还是在应用上都获得了成功。

1.3.2 深度学习

深度学习算是机器学习的一个分支，其发展可以简单地被理解为神经网络的发展。神经网络曾经是机器学习领域特别热门的一个方向，但是后来慢慢淡出了人们的视野，其原因主要包括以下两个方面。

（1）神经网络容易过拟合，参数比较难调整且需要不少调整技巧。

（2）神经网络的训练速度比较慢，在层次比较少（小于或等于 3）的情况下计算效果并不比其他方法更优。

神经网络发展缓慢的问题一直延续到 2006 年。这一年，加拿大多伦多大学的教授、机器学习领域泰斗 Geoffrey Hinton 和他的学生 Ruslan Salakhutdinov 在顶尖学术刊物《科学》（Science）上发表了一篇文章，提出了一个切实可行的深度学习框架。这篇文章激起了深度学习在学术界和工业界的浪潮。

相比于浅层学习，深度学习的不同之处在于以下几点。

（1）强调了模型结构的深度，通常有 5 个、6 个，甚至 10 多个的隐藏层。

（2）明确突出了特征学习的重要性。也就是说，通过逐层特征变换将样本数据在原空间的特征表示变换到一个新特征空间，从而使数据分类或数据预测更加容易。与传统的人工制订规则来构造特征的方法相比，利用大数据学习特征更能刻画数据丰富的内在信息。

自 2006 年以来，深度学习在学术界持续升温，掀起了第二次机器学习热潮。今天，谷歌、微软、百度等拥有大数据的知名高科技公司争相投入资源，想要占领深度学习的技术制高点，究其原因，是他们都看到了在大数据时代，更加复杂且更加强大的深度学习能深刻揭示海量数据所承载的复杂而丰富的信息，并能对未来或未知事件做出更精准的预测。

1.4 本章小结

首先，本章介绍了人工智能、机器学习、浅层学习、深度学习等方面的内容，帮助读者了解人工智能的概念及其三大学派。然后，本章介绍了机器学习的概念及分类。最后，本章介绍了浅层学习和深度学习的定义及他们之间的不同之处。

学完本章，读者需要掌握以下知识点。

（1）人工智能是一门技术学科，机器学习是人工智能的一个子集，而深度学习是机器学习的一个子集。

（2）人工智能的三大派别：符号主义、连接主义和行为主义。

（3）机器学习就是用算法解析数据，并不断学习，进而对发生的事做出判断，以及对未来或未知的事做出预测的一项技术。

（4）机器学习可以分为有监督学习，无监督学习、半监督学习和强化学习。

（5）机器学习的历史发展阶段从模型层次结构的角度来看，大致经历了两次浪潮：浅层学习和深度学习。

第 **2** 章

深度学习基础

深度学习涉及如深度神经网络（Deep Neural Network，DNN）等对初学者而言比较难理解的专业术语，本章将对深度神经网络进行介绍，其中包括神经网络、神经元、单层神经网络、深层神经网络等相关的概念。此外，在这些相关概念的基础上，本章还将介绍深度学习模型的评估方法，并介绍深层神经网络的训练过程及优化方法。

学习目标

- 掌握神经元网络的概念和结构。
- 掌握机器学习中评估模型的方法。
- 熟悉深层神经网络的训练过程和优化方法。

2.1 深层神经网络简介

深层神经网络是深度学习的一种框架,是一种至少具备一个隐藏层的神经网络。与浅层神经网络类似,深层神经网络也能够为复杂的非线性系统提供建模,比浅层神经网络多出的层次为深度神经网络模型提供了更高的抽象层次,因而提高了模型的能力。

2.1.1 神经元模型

人工神经网络是一种模仿动物神经网络行为特征,进行信息分布式处理的数学算法模型。对人工神经网络的研究始于 1890 年美国著名心理学家威廉·詹姆斯(W. James)对人脑结构与功能的研究。

1943 年,美国心理学家麦卡洛克(McCulloch)和数理逻辑学家皮茨(Pitts)建立了神经网络的数学模型,被称为 M-P 模型(又称神经元模型)。所谓神经元模型,其实是按照生物神经元(简称神经元)的结构和工作原理构造的一个抽象和简化了的数学模型。图 2-1 展示了生物神经元细胞结构。

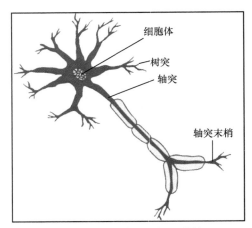

图 2-1　生物神经元细胞结构

生物神经元细胞有多个树突用来接收传入信息,但只有一条轴突,轴突尾端有许多轴突末梢,可以给其他多个神经元传递信息。轴突末梢与其他神经元的树突产生连接,实现信号的传递。这个连接的位置在生物学上叫作突触。单个神经元的工作机制非常简单:接收来自树突的信号,决定是否要激活神经元,并且将状态通过轴突传递到轴突末梢的突触进行输出。这个过程可以用图 2-2 所示的神经元的数学模型来描述。

在图 2-2 中,记神经元的多个树突接收到的信号为 $x_1, \cdots, x_n$,不同的树突传递信号的能力是不同的,因此给每一个输入加上一个权重,这些权重记为 $w_1, \cdots, w_n$。权重的大小决定了输入信号对输出结果的影响力,因此权重是至关重要的。神经网络的训练往往就是调整权重的过程。信号被生物神经元细胞处理后通过轴突向后传递，但只有强度足够大的信号才能被传递到轴突末梢。完成整个传递的过程被称为神经元的激活，其数学表达式具体如下。

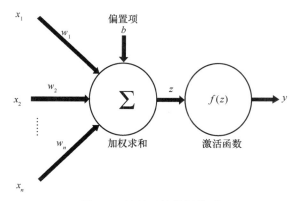

图 2-2　神经元的数学模型

（1）加权求和：计算输入信号对神经元的刺激 z，如式（2-1）所示。

$$z = w_1 x_1 + w_2 x_2 + \cdots + w_n x_n + b \tag{2-1}$$

（2）激活函数：计算神经元的刺激是否被传递下去，以及如何被传递下去，如式（2-2）所示。

$$y = f(z) \tag{2-2}$$

2.1.2　单层神经网络

　　1958 年，美国计算机科学家罗森布拉特（Rosenblatt）提出了由两层神经元组成的神经网络，并给它起了一个名字——感知器。

　　感知器中有输入层和输出层，输入层中的神经元只负责传输数据，不进行计算，输出层中的神经元则需要对前面一层的输入进行计算。我们把需要计算的层称为计算层，并把拥有一个计算层的神经网络称为单层神经网络。

　　假如要预测的目标不再是一个值，而是一个向量，例如[2,3]，那么输出层可以增加一个输出单元。图 2-3 展示了带有两个输出单元的单层神经网络。

　　与神经元的数学模型不同，感知器中的权值是通过训练得到的，因此，感知器类似于一个逻辑回归模型，可以执行线性分类任务。

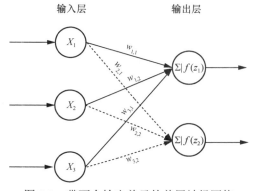

图 2-3　带两个输出单元的单层神经网络

我们可以用决策分界来形象地表达线性分类的效果。当数据的维度是 2 时，决策分界就是在二维的数据平面上划出一条直线；当数据的维度是 3 时，决策分界就是在三维空间中划出一个平面；当数据的维度是 n 时，决策分界就是在 n 维空间中划出一个 $n-1$ 维的超平面。

2.1.3　深层神经网络

如果在输入层和输出层之间增加一些神经元节点组成新的神经网络层，让这些神经元节点接收前一层神经元节点的输出并作为自己的输入，然后将自己的输出连接到后一层神经元节点并作为输入，那么这样就构成了深层神经网络。

输入层和输出层之间的结构被称为隐藏层，深层神经网络中往往包含了多层隐藏层。以图 2-4 展示的深层神经网络为例，它包含 1 个输入层、2 个隐藏层和 1 个输出层，其中，输入层有 3 个节点，两个隐藏层各有 4 个节点，输出层有 2 个节点。隐藏层和输出层中的每一个神经元节点接收来自前一层所有节点的输出，因此该神经网络也叫作全连接神经网络。

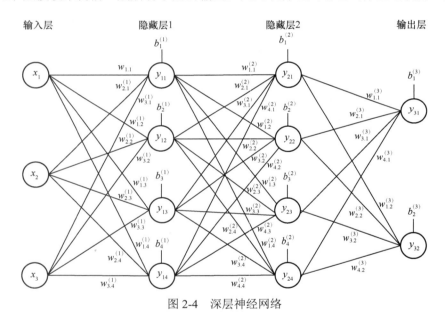

图 2-4　深层神经网络

2.1.4　深层神经网络节点

输入层代表的是输入的自变量，输出层代表的是目标变量，所以输入层的节点数与样本数据中自变量的个数相关，输出层的节点数与目标变量所有可能的类别数相关。以经典的手写数字识别数据集为例，每幅手写数字图像都被转换成一个包含像素灰度值的行向量，由于图像分辨率为 28 像素×28 像素，因此每幅图像包含 28×28=784 个输入，对应输入层的节点数应该也为 784。数字分类的结果为 0~9，共 10 种可能，因此，输出层的节点数应该为 10。

隐藏层的个数通常根据模型的复杂度来调整。一般来说,个数越多,整个神经网络的误差就越小,然而整个神经网络会变得越复杂,神经网络的训练时间也会越长,甚至还有可能出现过拟合(太适应于训练集,在测试集上效果不好)的情况。单隐藏层和双隐藏层已经能够解决很多问题了,但如果数据量多,那么神经网络可以在防止出现过拟合的情况下适当增加隐藏层的个数。

隐藏层中神经元节点的数量一般和输入/输出的维度相关。根据经验,隐藏层神经元节点数量的选择可以参考以下原则。

(1)隐藏层神经元节点的数量应介于输入层节点的数量和输出层节点的数量之间。

(2)隐藏层神经元节点的数量应为输入层节点数量的 2/3 和输出层节点数量的 2/3 之和。

(3)隐藏层神经元节点的数量应小于输入层节点数量的两倍。

隐藏层中使用数量过少的神经元将导致训练效果不佳,而使用数量过多的神经元会带来过拟合的问题,同时也会增加训练时间。在实际应用中,隐藏层神经元的最佳数量是通过不断实验得出的。针对不同的模型和样本数据,隐藏层的个数和节点数也是不同的。

2.1.5 深层神经网络参数

为了方便对深层神经网络中的节点及节点之间的联系进行描述,深层神经网络中的参数可以用下面的方式来表示。

(1) $x_i(1 < i < n)$:表示输入层节点。

在图 2-4 中,输入层的节点分别用 x_1、x_2、x_3 来表示。

(2)使用 $y_{ij}(1 < i < n, 1 < j < m)$:表示隐藏层和输出层节点,其中,$i$ 表示节点层数,j 表示该节点在本层中的序列。

在图 2-4 中,隐藏层 1 的节点分别用 y_{11}、y_{12}、y_{13}、y_{14} 来表示。同理,隐藏层 2 的节点分别用 y_{21}、y_{22}、y_{23}、y_{24} 来表示,输出层的节点分别用 y_{31}、y_{32} 来表示。

(3)$w_{i,j}^{(n)}(1 < i < n, 1 < j < m)$:表示从第 $n-1$ 层第 i 个节点到第 n 层第 j 个节点的权重,其中,n 表示目标节点所在层数,i 表示来源节点在来源层中的序列,j 表示目标节点目标层中的序列。

在图 2-4 中,节点 y_{11} 的输入节点有 3 个,分别是 x_1、x_2、x_3,这 3 个节点到节点 y_{11} 的连接权重分别是 $w_{1,1}^{(1)}$、$w_{2,1}^{(1)}$、$w_{3,1}^{(1)}$。节点 y_{32} 的输入节点有 4 个,分别是 y_{21}、y_{22}、y_{23}、y_{24},这 4 个节点到节点 y_{32} 的连接权重分别是 $w_{1,2}^{(3)}$、$w_{2,2}^{(3)}$、$w_{3,2}^{(3)}$、$w_{4,2}^{(3)}$。

2.1.6 节点输出值的计算方式

根据神经元的数学模型,我们可以得到深层神经网络模型各节点输出值的计算方式,如式(2-3)和式(2-4)所示。

$$z = w_{1,1}^{(1)}x_1 + w_{2,1}^{(1)}x_2 + w_{3,1}^{(1)}x_3 + b_1 \tag{2-3}$$

$$y_{11} = f(z) = f(w_{1,1}^{(1)}x_1 + w_{2,1}^{(1)}x_2 + w_{3,1}^{(1)}x_3 + b_1^{(1)}) \tag{2-4}$$

依次类推，隐藏层 1 中的其他节点输出值的计算方式如式（2-5）～式（2-7）所示。

$$y_{12} = f(w_{1,2}^{(1)}x_1 + w_{2,2}^{(1)}x_2 + w_{3,2}^{(1)}x_3 + b_2^{(1)}) \tag{2-5}$$

$$y_{13} = f(w_{1,3}^{(1)}x_1 + w_{2,3}^{(1)}x_2 + w_{3,3}^{(1)}x_3 + b_3^{(1)}) \tag{2-6}$$

$$y_{14} = f(w_{1,4}^{(1)}x_1 + w_{2,4}^{(1)}x_2 + w_{3,4}^{(1)}x_3 + b_4^{(1)}) \tag{2-7}$$

这些输出被逐层传递到下一层（隐藏层 2）进行计算，得到相应输出，并作为输出层的输入，由输出层计算最终的输出值。我们通过式（2-8）和式（2-9）展示隐藏层 2 的节点 y_{21} 和输出层的节点 y_{31} 的计算方式，其他节点的计算方式不再展示。

$$y_{21} = f(w_{1,1}^{(2)}y_{11} + w_{2,1}^{(2)}y_{12} + w_{3,1}^{(2)}y_{13} + w_{4,1}^{(2)}y_{14} + b_1^{(2)}) \tag{2-8}$$

$$y_{31} = f(w_{1,1}^{(3)}y_{21} + w_{2,1}^{(3)}y_{22} + w_{3,1}^{(3)}y_{23} + w_{4,1}^{(3)}y_{24} + b_1^{(3)}) \tag{2-9}$$

如果将输入表示为向量 $X = [x_1, x_2, x_3]$，第 n 个隐藏层所有节点的权重表示为矩阵 $W^{(n)}$，偏置项表示为向量 $b^{(n)}$，那么图 2-4 所示深层神经网络中隐藏层 1 的权重参数可以用向量表示为

$$W^{(1)} = \begin{bmatrix} w_{1,1}^{(1)} & w_{1,2}^{(1)} & w_{1,3}^{(1)} & w_{1,4}^{(1)} \\ w_{2,1}^{(1)} & w_{2,2}^{(1)} & w_{2,3}^{(1)} & w_{2,4}^{(1)} \\ w_{3,1}^{(1)} & w_{3,2}^{(1)} & w_{3,3}^{(1)} & w_{3,4}^{(1)} \end{bmatrix} \tag{2-10}$$

那么隐藏层 1 的输出向量 $y^{(1)} = [y_{11}, y_{12}, y_{13}, y_{14}]$ 可以表示为

$$y^{(1)} = f(XW^{(1)} + b^{(1)}) \tag{2-11}$$

依次类推，隐藏层 2 和输出层的输出向量可以分别表示为

$$y^{(2)} = f(y^{(1)}W^{(2)} + b^{(2)}) \tag{2-12}$$

$$y^{(3)} = f(y^{(2)}W^{(3)} + b^{(3)}) \tag{2-13}$$

以上步骤将信号前向传播过程与矩阵乘法关联起来了。只要将输入变量、神经元之间的权重、偏置项等用矩阵/向量表示，信号前向传播过程就可以利用矩阵乘法来实现。在 Python 语言中，可以通过 NumPy 实现矩阵乘法，这也是使用 TensorFlow 进行项目开发时需要重点关注的地方。

2.2 机器学习模型的评估方法

机器学习的核心逻辑是从历史数据中通过自动分析获得认知模型，并利用认知模型对未知数据进行预测。换种通俗的说法：机器学习用已知的历史数据对模型进行训练，然后用训练好的模型对未来时刻、未知状况进行预测。机器学习模型的训练目标之一是让训练好的模型在预测未知数据的时候获得尽可能高的准确率，所以模型的好坏在很大程度上决定了机器学习模型的应用效果。

下面介绍 3 种经典的机器学习模型评估方法，分别是留出验证法、交叉验证法和自助验证法。

1. 留出验证法

留出验证法直接将数据集 D 划分为两个互斥的部分，将其中一部分作为训练集 S 来训练模型，另一部分作为测试集 T 来测试模型。通常训练集和测试集数据量的比例为7:3。如图 2-5 所示，在具有 100 条数据的数据集 D 中，训练集 S 包含 70 条数据，测试集 T 包含剩余的 30 条数据。

训练集S	测试集T
70条数据	30条数据

图 2-5　训练集和测试集的数据量

但是在划分训练集和测试集时，有以下两个注意事项。

（1）尽可能保持数据分布的一致性。避免数据划分过程中引入的额外偏差对最终结果产生影响。在分类任务中，保留类别比例的采样方法被称为分层采样。

（2）采用若干次随机划分，以避免单次使用留出验证法所得结果的不稳定。

2. 交叉验证法

交叉验证法，又称为 k 折交叉验证。它先将数据集 D 划分为 k 个大小相似的互斥子集，每次采用 $k-1$ 个子集的并集作为训练集，剩下的那个子集作为测试集，进行 k 次训练和测试，最终返回 k 个测试结果的均值。交叉验证法所得结果的稳定性和保真性在很大程度上取决于 k 的值。k 常用的取值是 10，此时交叉验证法被称为 10 折交叉验证，如图 2-6所示。k 常用的其他值有 5、20 等。

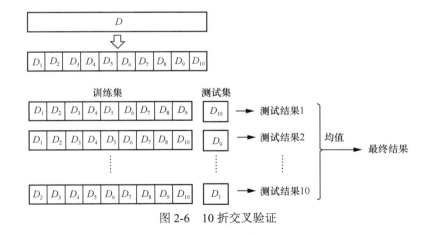

图 2-6　10 折交叉验证

3. 自助验证法

自助验证法以自助采样为基础（有放回的采样）。每次随机从包含 M 个样本数据的数据集 D 中挑选一个样本数据，放到集合 d 中，然后将样本数据放回数据集 D 中。重复 m

次抽样之后，得到了包含 m 个样本数据的数据集，样本数据在 m 次采样中始终不被挑选的概率是 $(1-1/m)^m$。当 m 趋近无穷大时，得到的极限值是 0.368，这意味着数据集 D 中约有 36.8%的样本数据未出现在集合 d 中，因此将集合 d 作为训练集，其他样本作为测试集。这样，仍然使用 m 个训练样本数据，但约有 1/3 未出现在训练集中的样本数据被用作测试集。自助验证法在数据集较小、难以有效划分训练集/测试集时很有用，但是因为它改变了初始数据集的数据分布，所以会引入估计偏差。

2.3 深层神经网络的训练与优化

深层神经网络的训练和优化，是深层神经网络应用的两个关键过程。训练为深层神经网络的应用提供了初步的模型基础，优化则提升了模型的使用效果。

2.3.1 深层神经网络的训练

深层神经网络的训练一般包含选择算法、初始化参数、计算误差、调整参数、设置学习率、调整参数值、反复迭代等步骤，其中，选择算法、计算误差和调整参数是深层神经网络训练中的关键步骤。

1. 选择算法

对于深层神经网络而言，模型架构即算法，设置适当的隐藏层数量和隐藏层节点数量本身就是对深层神经网络算法的选择。对于深层神经网络中的神经元而言，则需要设置一个激活函数来实现非线性转换，这个激活函数的选择也是选择深层神经网络算法的关键步骤。激活函数的选择需要考虑以下几个特性。

（1）非线性：当激活函数是非线性函数时，可以证明，双层神经网络就是一个通用函数逼近器，即从理论上来说，双层神经网络就可以解决任何分类问题。如果激活函数是线性的，那么多层神经网络实际上等效于单层神经网络。

（2）连续可微：这个特性是使用梯度下降算法的必要条件。常用的激活函数包括连续且随处可导的激活函数、连续但不随处可导的激活函数和随机正则化函数。

（3）取值范围：激活函数的输出应该被限定在有限区间内，这样有助于激活函数得到稳定的基于梯度下降算法的训练结果。

（4）单调：激活函数是单调的，那么理论上能保证误差函数是凸函数，从而使模型能找到最优解（极值）。

（5）在原点处接近线性函数：这样在初始训练时可以确保参数调整的幅度较大，从而提高效率。

常用的激活函数 Tanh、Sigmoid、ReLU 和 ELU 都满足以上条件，具体如下。

Tanh 函数：$f(x)=\dfrac{1-\mathrm{e}^{-2x}}{1+\mathrm{e}^{-2x}}$，$x$ 的取值范围为 $(-1,1)$，导数 $f'(x)=1-f(x)^2$。

Sigmoid 函数：$f(x) = \dfrac{1}{1+e^{-x}}$，$x$ 的取值范围为 $(0,1)$，导数 $f'(x) = f(x)(1-f(x))$。

ReLU 函数：$f(x) = \begin{cases} 0, & x < 0 \\ x, & x \geqslant 0 \end{cases}$，$x$ 的取值范围为 $[0,+\infty)$，导数 $f'(x) = \begin{cases} 0, & x < 0 \\ 1, & x \geqslant 0 \end{cases}$。

ELU 函数：$f(a,x) = \begin{cases} a(e^x - 1), & x < 0 \\ x, & x \geqslant 0 \end{cases}$，$x$ 的取值范围为 $(-a,+\infty)$，导数 $f'(a,x) = \begin{cases} f(a,x)+a, & x < 0 \\ 1, & x \geqslant 0 \end{cases}$。

2．初始化参数

和机器学习过程类似，深层神经网络的训练需要为所有参数指定一个随机数。初始化参数的取值通常被限定在区间[0,1]。

3．计算误差

和机器学习过程不同的是，深层神经网络训练计算误差的过程不再是简单地使用均方差，而是在当前参数的条件下，通过深层神经网络节点的计算，逐层推导并计算出期望的分类概率分布，然后计算该分类概率分布与样本数据中分类概率分布之间的差异。这个过程使用交叉熵来计算，通过信号前向传播计算出的输出层的原始输出向量通常还需要通过 Softmax 层来表达，这里的 Softmax 层是输出层的一部分，它的作用是通过归一化指数函数将多分类结果以概率分布的形式展示出来。Softmax 函数的表达式如式（2-14）所示。

$$\delta(z_j) = \frac{e^{z_j}}{\sum\limits_{k=1}^{K} e^{zk}} \tag{2-14}$$

其中，z_j 表示第 j 个节点的输出值；K 表示输出层节点的个数，即分类的类别数。

对于一个实现手写数字识别的神经网络程序来说，输出层的原始输出并非是最终输出，程序还应该明确给出结论，这个从原始输出到识别出的具体数字的转换就是通过 Softmax 层来实现的。如图 2-7 所示，输出层原始输出的 10 个值经过 Softmax 层的转换后，最终输出了一个概率分布向量[0,0,0,0,1,0,0,0,0,0]，向量中的元素代表手写数字被识别为对应数字（0～9）的概率。

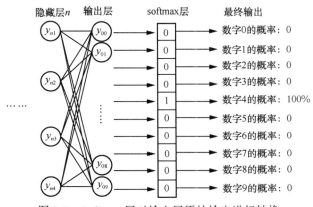

图 2-7 Softmax 层对输出层原始输出进行转换

在图 2-7 中，识别为数字 4 的概率为 100%。这个结论是非常明确的，但是 Softmax 层有可能无法给出肯定的答案。当识别为数字 4 的概率为 88%，识别为数字 9 的概率为 12%，则对应的输出向量为[0,0,0,0,0.88,0,0,0,0,0.12]，那么这个分类概率分布的误差应该如何计算呢？

在信息论中，两个概率分布之间的距离可以用交叉熵来计算。在样本数据中，每幅图像上的手写数字都会有明确的正确答案。样本数据中给出的明确的概率分布用 y 表示，通过 Softmax 函数得到的预期概率分布用 $\hat{y}$ 表示，则概率分布误差 H 的计算式为

$$H(y,\hat{y}) = -\sum y \log(\hat{y})$$

（2-15）

假设图 2-7 所示的例子中，样本图像中的数字为 4，那么分类概率分布为[0,0,0,0,1,0,0,0,0,0]，通过神经网络分类输出的预期概率分布为[0,0,0,0,0.88,0,0,0,0,0.12]，则概率分布误差可以通过下面的代码来计算。

```python
import numpy as np
# 样本数据给定的概率分布向量
y = [0,0,0,0,1,0,0,0,0,0]
# 输出的预测向量
y_hat = [0,0,0,0,0.88,0,0,0,0,0.12]
y_loss = 0.0
flag = 0
for i in range(1,10):
# 如果 y[i]==0,那么 y[i]*log(y_hat[i])肯定等于 0；如果 y_hat[i]==0，那么 log(y_hat[i])
# 不存在
    if y[i] != 0 and y_hat[i] != 0:
        y_loss += - y[i] * np.log(y_hat[i])
        flag = 1
if flag==0:
    y_loss = 1
print("概率分布的误差为: {}".format(round(y_loss,4)))
```

得到的计算结果如下。

```
概率分布的误差为: 0.2231
```

4．调整参数

调整参数的目的是更好地拟合数据，减小深层神经网络输出值与预期之间的误差，因此，参数可以通过减小误差的方法进行调整。梯度下降法是常用的一种通过训练来减小误差的方法。

使用梯度下降法时，有两个问题需要考虑。第一个问题是参数的调整方向，即确定参数是增大还是减小，以减小误差。这是基于误差计算对调整参数的偏导数来实现的，是一个链式求导的过程。第二个问题是参数的调整幅度，这个问题可以通过设置学习率来解决。

图 2-8 展示了利用梯度下降法调整参数的思路。假设当前参数取值为 θ_1，沿着损失函数在 $J(\theta_1)$ 处的梯度将参数调整为 θ_2，那么对应的损失函数的取值从 $J(\theta_1)$ 下降到 $J(\theta_2)$，在图 2-8 中看起来就像下降了一个阶梯。同理，继续沿着损失函数在 $J(\theta_2)$ 处的梯度将参数从 θ_2 调整到 θ_3，损失函数的取值又下降了一个阶梯。如此多次反复执行上述调整参数的过程，那么误差函数的值就会不断被降低，最终达到梯度为 0 处。此处是深层神经网络输出值与预期之间误差的极小值，得到的 θ_x 就是理想的参数。

5．设置学习率

和机器学习过程类似，深层神经网络的训练一般通过误差变化率来判断学习是否完成。设置的学习率不应过大或过小，学习率设置得过小，会出现经过长时间大批量的训练后，误差依然很大、无法有效达到全局最优解、学习效率低的情况；学习率设置得过大，会出现误差直接错过全局最优解，梯度在最小误差值附近来回振荡，无法收敛到全局最优解的情况。

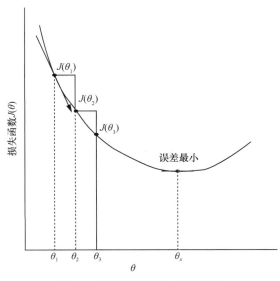

图 2-8　利用梯度下降法调整参数

图 2-9 展示了损失函数 $J(\theta)$ 在学习率过大或过小的条件下随参数 θ 变化的情况，损失逼近 $J(\theta)$ 的最小值时即得到模型的全局最优解。训练的目标就是使深层神经网络达到全局最优解的状态。

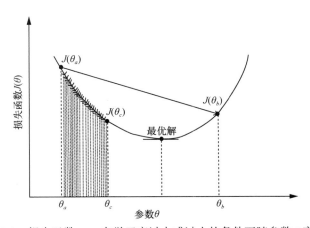

图 2-9　损失函数 $J(\theta)$ 在学习率过大或过小的条件下随参数 θ 变化

那么学习率应该如何设置呢？一般来说，在训练初期，学习率应该设置得较大，以得到较快的收敛速度；而在训练后期，学习率应该设置得较小，以便深层神经网络的参数能够被精准地调整，这样就可以同时达到训练效率高和训练结果精准的目的。指数衰减法便是这种学习率的设置方法，也是目前最常用的方法。在训练刚开始时，指数衰减法会设置一个较大的学习率，这个学习率会随着迭代次数的增加而不断进行衰减，从而在后期得到一个较小的学习率。指数衰减法可以表示为

$$\eta = \eta_s \text{decay\_rate}^{\frac{\text{step\_count}}{\text{decay\_count}}} \tag{2-16}$$

其中，η 表示衰减后的学习率；η_s 表示初始学习率；decay_rate 表示衰减率，其值小于 1；step_count 表示全局迭代次数；decay_count 表示衰减间隔迭代次数。式（2-16）意味着每经过 decay_count 次迭代，学习率按衰减率的指数形式逐渐缩小。

图 2-10 展示了指数衰减法和梯度衰减法的对比。可以看出，随着迭代次的进行，学习率在训练初期的衰减量幅度较大，且逐渐趋近于 0。同时，学习率的衰减量也趋近于 0，这恰好实现了对学习率进行"粗调和精调"相结合的目标。

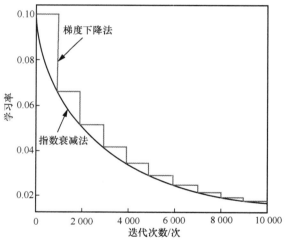

图 2-10　指数衰减法和梯度下降法的对比

6．调整参数值

调整参数值的计算过程就是利用梯度 $\dfrac{\partial J(\theta)}{\partial \theta}$ 和学习率 η 更新参数权重的过程，如式（2-17）所示。

$$\theta_{\text{new}} = \theta_{\text{old}} - \eta \frac{\partial J(\theta)}{\partial \theta} \tag{2-17}$$

其中，θ_{new} 表示新参数值，θ_{old} 表示原参数值。

7．反复迭代

深层神经网络通过反复执行以上步骤，不断更新参数并减小误差，最终得到参数的最优解。此时的误差足够小，也就是说预测结果足够精确，当前的深层神经网络会被作为最终的结果。至此训练就完成了。

2.3.2　深层神经网络的优化

上一小节介绍了深层神经网络的训练方法。整个训练过程看起来十分简单，然而在具体的工程应用中，深层神经网络的训练面临各种挑战，其中包括无法找到全局最优解、出现过拟合和欠拟合，以及超参过多导致无法选择等诸多问题。下面我们主要针对无法找到全局最优解、出现过拟合或欠拟合的问题，介绍深层神经网络的优化方法。

1．无法找到全局最优解

梯度下降法并不能总是得到损失函数的最优解。由于深层神经网络是复杂函数，存在大量的非线性变换，由此得到的损失函数通常是非凸函数。损失函数常常存在多个局部梯度为 0 的极小值，这些值对应着不同区间内的局部最优解。梯度下降是由梯度驱动的，一旦损失函数收敛到局部梯度为 0 的极小值时，梯度下降将无法继续进行。例如在图 2-11 中，当参数进行随机初始化，落在区间 1 或区间 3 内时，损失函数只能达到对应区间内的局部最优解 1 或局部最优解 3，而无法达到全局最优解；只有当参数进行随机初始化，恰好落在区间 2 内时（如值为 θ_2），损失函数才能达到全局最优解。

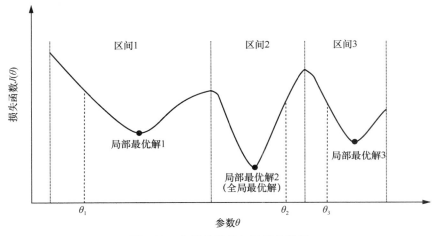

图 2-11　全局最优解与局部最优解

针对上述问题，一种解决的方法是参数进行多次初始化，即反复获得多个初始值并对深层神经网络进行训练。这些参数将被随机分布到不同的区间内，从而找到不同区间内的局部最优解，然后对不同区间的局部最优解进行对比，找出最小的局部最优解，这个局部最优解有很大概率是全局最优解。这个过程其实就是选择的过程，即同时训练出多个深层神经网络，选择最好的一个作为最终的深层神经网络。这种方法的优点是有很大概率可以找到全局最优解，缺点有两个，具体如下。

（1）无法保证百分之百找到全局最优解，只能是"很大概率"找到全局最优解。当然，只要随机初始化的参数数量足够多，找到全局最优解的概率就有可能接近百分之百。

（2）随机初始化的参数数量增多，虽然会使找到全局最优解的可能性增大，但所需要的训练时间也会变长。

2. 出现过拟合或欠拟合

对于深度学习模型而言，人们不仅要求它对训练集有很好的拟合结果（所产生的误差被称为训练误差），同时也希望它可以对未知数据集（测试集）有很好的拟合结果（泛化能力，这里所产生的测试误差被称为泛化误差）。泛化能力不好的直观表现就是模型出现过拟合和欠拟合的情况。

（1）过拟合与欠拟合简介

过拟合与欠拟合是模型训练过程中经常出现的两类典型问题。过拟合是指过于依赖训练集的特征，将数据的规律复杂化，以至于模型对训练集的拟合表现很好，但是无法泛化到测试集上。欠拟合是指训练集的特征规律未能得到正确表达，以至于模型对训练集的拟合效果欠佳，因而也无法泛化到测试集上。

如果模型在训练集上的训练误差很小，但是在测试集上的泛化误差很大，那么我们就可以说这个模型过拟合了。过拟合的原因通常是模型过于复杂或参数过多，导致模型记住了训练集中的"噪声"。也就是说，模型通过"死记硬背"的方式记住了训练集大量的特征，然而其中某些特征往往并不是规律出现的，而是随机出现的。所以，当模型应用于测试集时，模型会试图重现那些随机的特征，导致在测试集上出现误差很大的情况。

在欠拟合的情况下，模型在训练集和测试集上的误差都很大。出现这种情况的原因主要是模型过于简单或训练不足、参数设置不当、参数调整不足等，所以模型并没有学习到训练集的内在特征，从而对训练集和测试集都无法进行有效的拟合。解决欠拟合问题最常用的方法是加强模型训练，最大限度地优化模型的参数，让误差尽可能减小。

模型复杂度与拟合误差的关系如图 2-12 所示。当模型过于简单，对训练集和测试集均无法有效表达时，模型处于欠拟合状态；当模型过于复杂，虽然在训练集上有更好的表现，但是对测试集却无法有效预测时，模型无法泛化，处于过拟合状态。当测试集上的泛化误差最小时，模型处于理想状态。

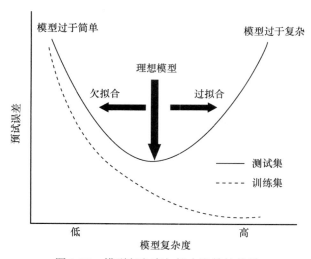

图 2-12　模型复杂度与拟合误差的关系

（2）过拟合与欠拟合示例

过拟合、理想拟合与欠拟合在回归问题和分类问题上的典型表现如图 2-13 所示。从图 2-13 中可以直观地看出，欠拟合对应的情况是模型过于简单，在分界线附近存在过多的错误分类；过拟合对应的情况是模型过于复杂、灵活，对训练集进行过度优化，对训练集拟合得非常好，但将例外点也作为数据特征记录了下来。

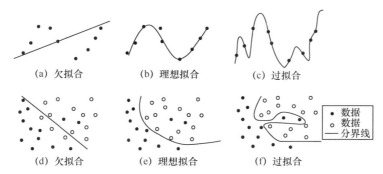

(a) 欠拟合　　　　(b) 理想拟合　　　　(c) 过拟合

(d) 欠拟合　　　　(e) 理想拟合　　　　(f) 过拟合

图 2-13　过拟合、理想拟合与欠拟合在回归问题和分类问题上的典型表现

2.4　本章小结

本章对深度学习相关的专业术语进行了介绍，让读者对深度学习有了初步的认识；然后对机器学习模型的评估方法、深层神经网络的训练与优化进行了介绍，为读者学习本书后续的应用内容奠定了理论基础。

学完本章，读者需要掌握如下知识点。

（1）人工神经网络是一种模仿动物神经网络行为特征，进行信息分布式处理的数学算法模型。拥有一个计算层的神经网络被称为单层神经网络。输入层和输出层之间有隐藏层的神经网络被称为深层神经网络。

（2）深层神经网络隐藏层的数量通常根据模型的复杂度来调整。一般来说，隐藏层的数量越多，整个神经网络的误差越小，但整个神经网络会变得越复杂，神经网络的训练时间也会越长，出现过拟合的可能性越大。

（3）3 种经典的机器学习模型评估方法：留出验证法、交叉验证法和自助验证法。

（4）深层神经网络的训练过程一般包括选择算法、初始化参数、计算误差、调整参数、设置学习率、调整参数值、反复迭代等步骤。

（5）深层神经网络的训练可能存在无法找到全局最优解，容易出现过拟合或欠拟合，以及超参过多无法选择等诸多问题。

第3章

搭建深度学习框架

本章首先介绍常见的 6 种深度学习框架，然后介绍 TensorFlow 的安装，并通过 TensorFlowPlayground（TensorFlow Playground）形象生动地介绍神经网络的工作原理。在此基础上，本章还对 Keras 中的模型、层、预处理、模型评估等内容进行介绍，并使用 TensorFlow 对服装图像（如运动鞋）进行分类，帮助读者认识神经网络的应用场景。

学习目标

- 了解常见的深度学习框架。
- 掌握 TensorFlow 的安装方法。
- 熟悉 TensorFlow Playground 的使用方法。
- 掌握 Keras 神经网络核心组件的使用方法。
- 掌握使用 TensorFlow 实现神经网络的方法。

3.1 常见的深度学习框架

目前，常见的深度学习框架有 TensorFlow、Caffe、Keras、Torch、MXNet 和 CNTK，其中，应用比较广泛的是 TensorFlow。

3.1.1 TensorFlow

TensorFlow 是由谷歌人工智能团队谷歌大脑（Google Brian）为机器学习和深度神经网络开发的功能强大的开源软件库。它允许将深度神经网络的计算部署到拥有任意数量CPU 和 GPU 的服务器、计算机或移动设备上，且只利用一个 TensorFlow 应用程序接口便可调用部署的所有硬件资源。TensorFlow 封装了大量高效可用的算法及搭建神经网络的函数，支持常用的神经网络架构（如递归神经网络、卷积神经网络），并且拥有完整的数据流向与处理机制。借助 TensorFlow，研究人员可以更加方便快捷地进行深度学习的研究与项目开发。

TensorFlow 是深度学习领域中最受欢迎的框架。图 3-1 展示了 GitHub 上主流深度学习框架排名列表，从中可以看到 TensorFlow 的受欢迎程度是最高的，远高于第二名。

Project Name	Stars	Description
TensorFlow	68684	Computation using data flow graphs for scalable machine learning
Caffe	19958	Caffe: a fast open framework for deep learning.
Keras	19190	Deep Learning library for Python. Runs on TensorFlow, Theano, or CNTK.
Neural-Style	14432	Torch implementation of neural style algorithm
CNTK	12240	Microsoft Cognitive Toolkit (CNTK), an open source deep-learning toolkit
Incubator-Mxnet	10944	Lightweight, Portable, Flexible Distributed/Mobile Deep Learning with Dynamic, Mutation-aware Dataflow Dep Scheduler; for Python, R, Julia, Scala, Go, Javascript and more
Deepdream	10496	
Data-Science-Ipython-Notebooks	10021	Data science Python notebooks: Deep learning (TensorFlow, Theano, Caffe, Keras), scikit-learn, Kaggle, big data (Spark, Hadoop MapReduce, HDFS), matplotlib, pandas, NumPy, SciPy, Python essentials, AWS, and various command lines.

Top Deep Learning Projects

A list of popular github projects related to deep learning (ranked by stars automatically).

Please update list.txt (via pull requests)

图 3-1　GitHub 上主流深度学习框架排名列表

作为深度学习领域最受欢迎的框架，TensorFlow 具有以下特点。

（1）高度的灵活性

TensorFlow 的核心是计算图，只要计算能被表示为一个数据流图，就可以使用TensorFlow。对于用户而言，他只需要构建计算图，编写计算的内部循环，就可以通过数据流图上的节点变量控制训练中各个环节的变量。TensorFlow 有很多开源的上层库工具供用户使用，极大地减少了代码重复量。此外，用户也可在 TensorFlow 上封装自己的"上层库"。

（2）便捷性和通用性

TensorFlow 生成的模型具有便捷、通用的特点。从操作系统的角度来看，TensorFlow 可以运行在 macOS、Windows、Linux 等操作系统上；从硬件的角度来看，TensorFlow 可以在 CPU 和 GPU 上运行；从终端角度来看，TensorFlow 还可以在普通计算机、移动设备、服务器、Docker 容器等终端运行。TensorFlow 编译好的模型可以便捷地进行平台移植，这使得模型应用更加简单。

（3）科研和产品紧密相联

在过去，如果要将机器学习的科研成果用到产品中，那么需要大量的代码重写工作。而现在，TensorFlow 解决了这个问题。在谷歌，科学家用 TensorFlow 尝试新的算法，产品团队则用 TensorFlow 训练和使用计算模型，并直接提供给在线用户。TensorFlow 可以让应用型研究人员将想法迅速运用到产品中，也可以让学术型研究人员更直接地分享代码，提高科研产出率。

（4）自动求微分

基于梯度的机器学习算法会受益于 TensorFlow 自动求微分的能力。用户只需要定义预测模型的结构，将该结构和目标函数结合在一起，并添加数据，TensorFlow 就会自动计算相关的微分/导数。

（5）支持多种程序设计语言

TensorFlow 是基于 C++语言开发的，并且支持多种程序设计语言的调用，如 C、Java、Python 等语言。基于 C++语言开发保证了 TensorFlow 的运行效率，对其他编程语言的支持为使用不同程序设计语言的研究人员提供了便利，节省了大量的开发时间。目前深度学习领域的主流方式是使用 Python 语言来驱动应用程序，TensorFlow 对 Python 语言的调用支持也成为其受欢迎的原因之一。

（6）超强的运算性能

TensorFlow 支持线程、队列和分布式计算，可以让用户将 TensorFlow 数据流图的不同计算元素分配到不同的设备上，也可以根据机器的配置自动选择 CPU 和 GPU 进行运算，以最大化地利用硬件资源。

3.1.2　Caffe

Caffe 是一个兼具表达式、速度和思维模块化的深度学习框架，它是由伯克利视觉和学习中心（Berkeley Vision and Learning Center，BVLC）开发的。Caffe 是用 C++语言编写的，同时有 Python 和 MATLAB 的相关接口。

Caffe 最初是一个功能强大的图像处理框架，被广泛用于图像分类和图像分割领域，是最容易测试和评估性能的标准深度学习框架。Caffe 支持多种类型的深度学习框架，支持卷积神经网络、区域卷积神经网络（Regions with Convolutional Neural Network，RCNN）、长短记忆网络和全连接神经网络，并且提供了很多具有复用价值的预训练模型，大大减少了现有模型的训练时间。此外，Caffe 还支持基于 GPU 和 CPU 的加速计算内核库，如 NVIDA 深度神经网络库、CuDNN 和 Intel MKL。

2017 年，Facebook 发布了 Caffe2 的第一个正式版本，这是一个基于 Caffe 的轻量级和模块化的深度学习框架，在强调轻便性的同时，也保持了可扩展性和计算性能。Caffe2 有很多新的特性，如可以通过一台机器上的多个 GPU 或具有一个及多个 GPU 的多台机器进行分布式训练。但是 Caffe2 还不能完全替代 Caffe，还缺不少要素，例如 CuDNN。与 Caffe2 相比，Caffe 仍然是主要的稳定版本，仍然是生产环境中推荐使用的版本。2018 年 3 月，Caffe2 并入 PyTorch。随着 PyTorch 的发展，更多的人选择使用 PyTorch。

3.1.3　Keras

Keras 是一个开源人工神经网络库，可以作为 Tensorflow、CNTK 和 Theano 的高阶应用程序接口，进行深度学习模型的设计、调试、评估、应用和可视化。它的最初版本以 Theano 为后台，设计理念参考了 Torch，但完全使用 Python 语言来编写。Keras 可以被理解为 Theano 框架与 TensorFlow 前端系统的一个组合。

3.1.4　Torch

Torch 是一个基于 Lua 语言的开源机器学习框架，其初始版本早在 2002 年就被发布了。Torch 一直聚焦于大规模的机器学习应用，尤其是图像或者视频领域。Torch 的目标是在保证使用方式简单的基础上，最大化地保证算法的灵活性和速度。Torch 的核心优势是拥有流行的神经网络及简单易用的优化库，这使得 Torch 能在实现复杂的神经网络结构的同时保持最大的灵活性，同时还可以使用并行的方式对 CPU 和 GPU 进行更高效的操作。

Torch 的主要特性如下。

- Torch 包含很多实现索引、切片、移调的程序。
- Torch 需要快速、高效的 GPU 支持其运算。
- Torch 通过 LuaJIT 提供 C 语言应用程序接口。
- Torch 可嵌入、移植到 iOS、Android 和现场可编程门阵列（Field Programmable Gate Array，FPGA）的后台上。

Torch 虽然具有良好的扩展性，但某些应用程序接口并不全面，不便于使用。另外，Torch 使用的是 LuaJIT 语言而不是 Python 语言，在以 Python 语言作为深度学习主流语言的今天，Torch 的通用性显得较差。而 PyTorch 可以说是 Torch 的 Python 版，并且增加了很多新的功能，因而逐渐受到开发者的欢迎。

3.1.5　MXNet

MXNet 是一个旨在提高效率和灵活性的深度学习框架，拥有类似于 Theano 和 TensorFlow 的数据流图，具有 Torch、Theano 和 Caffe 的部分特性。它允许用户混合使用符号编程和命令式编程，从而最大限度地提高效率和生产力。MXNet 的核心优势是拥有动态的依赖调度，它能够自动并行地执行符号和命令的操作。MXNet 不仅支持 Python 语言，还提供对 R、Julia、Scala、Java、C++等语言的接口。MXNet 是亚马逊使用的深度学习框架，也是目前比较热门的主流框架之一。

3.1.6　CNTK

　　CNTK 是微软出品的开源深度学习工具包，可以运行在 CPU 上，也可以运行在 GPU 上。CNTK 的应用程序接口均基于 C++语言，因而速度和可用性较高。此外，CNTK 具有很好的预测精度，并提供了很多算法的实现方式，以提高模型预测的准确率。CNTK 提供了基于 C++、C#、Python 等语言的应用程序接口，使用起来非常方便。

　　CNTK 拥有高度优化的内建模型，以及良好的多 GPU 支持。微软官方公布的 CNTK 与其他工具在执行特定学习任务的效率对比情况如图 3-2 所示，从中可以看出，在配置 4 个 GPU 的情况下，CNTK 有速度上的优势。

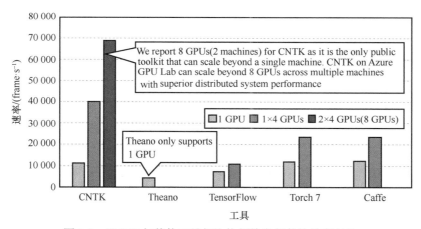

图 3-2　CNTK 与其他工具相比执行特定任务的效率对比

　　虽然在微软的支持下，CNTK 具有很大的潜力和很强的竞争力，但其发行版中存在很多漏洞，成熟度远比不上 TensorFlow。此外，CNTK 在文档资料完备度上也略显不足。不过，CNTK 与 Visual Studio 工具同属于微软，具有特定的 MS 编程风格，熟悉 Visual Studio 工具的开发人员可以更快地掌握使用方法。

3.2　安装 TensorFlow

　　在使用 TensorFlow 实现神经网络之前，必须先在本地计算机上正确安装 TensorFlow。本节将从硬件配置、系统配置、语言的使用、安装方法等方面介绍 TensorFlow 的安装。

3.2.1 安装准备

1. 硬件要求

一款不错的系统及与之相配套的硬件环境是运行一个神经网络工程的前提条件，但是硬件要求是不固定的，读者可以根据自己的实际情况进行选择。结合本书中所有项目的运行要求，我们推荐如下硬件配置，供读者参考。

CPU: i7 7700k。

GPU: NVIDIA GTX1070Ti。

内存：16 GB DDR4 2400。

硬盘：SSD 100 GB。

2. 系统选择

我们选择 Linux 操作系统，主要原因有以下 3 个。① 目前深度学习中所涉及的主流深度学习开源框架，无一例外全部支持 Linux 操作系统，因而读者可以在 Linux 操作系统下学习和使用更多的框架。② Linux 操作系统自身除了拥有可以被用于终端的数百条命令外，还拥有丰富的界面以供使用，因而读者可以以较低成本进行深度神经网络的开发。③ Linux 操作系统本身是开源的，许多其他操作系统基于 Linux 操作系统二次开发而来，因而读者可以在学习系统命令的过程中深入了解一个系统的框架。在 Linux 操作系统的诸多版本中，我们推荐使用 Ubuntu 16.04 系统。

3. 配合 Python 语言使用

Python 语言简洁而清晰，是一种动态类型语言（动态类型指的是编译器在运行时执行类型检查）。主流的深度学习框架大多支持 Python 语言，因而我们推荐将 Python 语言作为深度神经网络开发的首选语言。本书中使用的 Python 软件版本为 3.6.5。为了便于读者复现本书中实验，我们建议读者安装此版本的 Python 软件。

4. Anaconda 的安装

Anaconda 是一个打包的集合，里面预装了 Conda、某个版本的 Python、众多 Packages、专业的科学计算工具等，因而被当作 Python 的一种发行版。 Anaconda 是目前很好的提供科学计算的 Python 环境，不仅便于安装，而且性能强。接下来，我们将使用 Anaconda 作为 TensorFlow 的 Python 环境。

Anaconda 的安装可以按照下面的步骤进行。

步骤 1：首先获取 Anaconda 安装文件。在 Anaconda 官网上下载 Anaconda 3.6 版（预装的 Python 软件版本为 3.6.5），这里推荐选用 64 位版本，这是因为 64 位版本包含了 32 位的安装。所下载文件的名称是 Anaconda3-6.0-Linux-x86_64.sh。

步骤 2：在终端进入到保存 Anaconda 安装文件的目录下，执行如下 bash 命令（如果选用的是与本书所用版本不同的 Anaconda，这一步要确定好文件的名称）。

```
bash Anaconda3-6.0-Linux-x86_64.sh
```

.sh 文件是 Linux 操作系统下的脚本文件，bash 命令可以从脚本文件中读取并执行命令。要在终端进入某一个目录，通常可以采用 cd 命令这种方式，也可以采用图形化的方式。比如进入存储 Anaconda 安装文件的目录时，可以通过鼠标右键单击屏幕空白处，在弹出的快捷菜单中选择"在终端打开（Open in Terminal）"选项即可。

步骤 3：按 Enter 键后会看到安装提示，直接按 Enter 键进入下一步，会看到 Anaconda License 文档。这个文档展示了 Anaconda 的相关信息，读者如果没有兴趣阅读则可以直接按 Q 键跳过。

步骤 4：跳过之后，安装程序会询问"Do you approve the license terms？"，这里需要手动输入"yes"，然后按 Enter 键确认。

步骤 5：接下来安装程序要求输入 Anaconda 的安装路径，这时可以将一个合适的路径粘贴到这里，也可以按 Enter 键选择默认的路径（默认的路径在 home 空间下）。

步骤 6：安装不会花费很长时间，这个过程中一般不会出现任何报错。安装完成后，安装程序会提示是否把 anaconda3 的 binary 路径加入到.bashrc 文件中，默认为 no，这里同样需要手动输入"yes"并按 Enter 键确认。.bashrc 文件是 Linux 操作系统的一个启动文件，保存了用户的一些个性化设置，如命令别名、路径。我们对于该提示的建议是添加，以后在终端上执行 python 命令和 ipython 命令时就可以自动使用 Anaconda Python 3.6.5 的环境了。

安装过程结束后，我们试着在终端运行 python 命令，可以看到 Python 及 Anaconda 的版本信息，如图 3-3 所示。

```
ubuntu@gpu4:~$ python
Python 3.6.5 |Anaconda, Inc.| (default, Apr 29 2022, 16:14:56)
[GCC 7.2.0] on linux
Type "help", "copyright", "credits" or "license" for more information.
>>>
```

图 3-3　python 命令的运行结果

iPython 是一个增强的交互式 Python Shell，比默认的 Python Shell 要好用得多。和 Python 相比，iPython 在功能上有所改进，具有 Tab 键补全、对象自省、强大的历史机制、内嵌的源代码编辑、集成 Python 调试器、%run 机制、宏、创建多个环境，以及调用系统 Shell 的能力。Anaconda 也把 iPython 集成了进来，下面我们在终端上运行 ipython 命令，得到的结果如图 3-4 所示。

```
ubuntu@gpu4:~$ ipython
Python 3.6.5 |Anaconda, Inc.| (default, Apr 29 2022, 16:14:56)
Type 'copyright', 'credits' or 'license' for more information
IPython 6.4.0 -- An enhanced Interactive Python. Type '?' for help.

In [1]:
```

图 3-4　ipython 命令的运行结果

5. TensorFlow 的主要依赖包

与 TensorFlow 相关联的工具包有很多，这里着重介绍两个比较重要的工具包——Protocol Buffer 和 Bzael。

Protocol Buffer 是谷歌开发的用于结构化数据处理的一款工具。Bazel 是谷歌开发的用于自动化构建的一款开源工具，在谷歌内部很大程度上承担了编译应用的工作。相比于较为传统的 Ant、Maven 或者 MakeFlie，Bazel 的优点表现在可伸缩性、对不同平台和程序设计语言的支持、速度及灵活性上。当选择通过编译 TensorFlow 源码这种安装方式时，编译过程中会使用到 Bazel。

（1）Protocol Buffer

大部分数据信息可以被划分为两类：非结构化数据、结构化数据。声音、图像这种无法使用数字或者统一的结构进行表示的数据被称为非结构化数据。结构化数据则能够使用数字或者统一的结构进行表示，如符号、数字这种数据就属于结构化数据。

假设存在这种使用场景：一些用户的信息需要被存储到数据库中并形成记录，其中每个用户的信息包括姓名（Name）、性别（Sex）、年龄（Age）、电子邮件（E-mail）以及生日（Birth Data），那么这些信息在数据库中可能会形成以下记录形式。

```
Name：张三
Sex: woman
Age: 25
E-mail:zhangsan@126.com
Birth Date:1998.09.25
```

按照数据的记录形式，我们可以判断出上面的用户信息就是一种结构化数据。这些结构化数据以属性与属性值一一对应的方式被存储在数据库中。

序列化是指将对象的内容转换为可以存储或传输的形式的过程。当上述这些结构化数据（用户信息）需要被持久存储或在网络上进行传输时，它们的首要任务是进行序列化，也就是将这些数据转换为字符串的形式。

如果将上面的用户信息序列化为 JSON 格式，则获得以下代码。

```
{
  "Name":"张三",
  "Sex":"woman",
  "Age":"25",
  "E-mail":"zhangsan@126.com",
  "Birth Date":"1998.09.25"
}
```

上面的用户信息也可以序列化为 XML 格式，获得的代码如下。当然，序列化的格式远不止这两种。

```
<user>
  <Name>张三</Name>
  <Sex>woman</Sex>
  <Age>25</Age>
  <E-mail>zhangsan@126.com</E-mail>
  <Birth Date>1998.09.25</Birth Date>
</user>
```

有很多方法可以将结构化数据序列化为 JSON 或 XML 格式，例如构建代码或使用某些集成开发环境工具。但这些序列化方法不是本书的知识点，有兴趣的读者可以参考相关图书。

结构化数据处理是指使结构化数据序列化，并从序列化的数据流中还原出原始结构化数据的过程。Protocol Buffer 便是谷歌开发的一种用于处理结构化数据的工具。

比较 XML 和 JSON 格式文件的数据，我们会发现这两种格式中的数据信息并没有被隐藏。换言之，数据信息被包含在序列化文件中。以 XML 或 JSON 格式存储的数据（例如文本编辑器）很容易被获取，因为它们是可读的字符串。

Protocol Buffer 序列化后的数据就不同了。首先，Protocol Buffer 序列化后的数据不是可读的字符串，而是所谓的二进制流，需要使用专用工具才能将其打开。其次，在使用 Protocol Buffer 之前，需要定义好更具体的数据格式（如 Schema，谷歌的官网上提供编码具体的使用方法）。要恢复序列化后的数据，需要使用之前定义好的数据格式。

以下代码显示了在使用 Protocol Buffer 对数据（用户信息）进行序列化之前所定义的数据格式。

```
message user {
  required string Name = 1;
  required string Sex = 2;
  required int32 Age = 3;
  required string E-mail = 4;
  optional string Birth Date = 5;
}
```

定义的数据格式被存储在.proto 文件中。.proto 文件中定义了许多 message，例如上面代码中的 user。message 通过一系列属性类型和名称来定义这些结构化数据。属性有很多类型，例如布尔型、字符型、实数型及整数型。此外，属性也可以是另一个 message。

message 中还可以使用 required（必需的）、optional（可选的）、repeated（可重复的）等关键字来修改属性。如果需要的属性是 required，则 message 的所有实例都需要具有此属性；如果需要的属性是 optional，则 message 实例中此属性的值可以为空；如果需要的属性是 repeated，则此属性的值可以是一个列表。

以 user 为例，所有用户都必须具有 Name、Age 及 Sex，因而这 3 个属性是必填项，即 required；一个用户可能有多个 E-mail，因而 E-mail 属性是可以重复的，即 repeated；生日不是必需的信息，因此 Birth Date 属性是可以选择的，即 optional。

（2）Bzael

谷歌发布的大部分官方样例及 TensorFlow 都是通过 Bazel 编译而形成的。当安装 TensorFlow 时，倘若选择了通过源码编译这种安装方式，则 Bazel 是较为合适的编译工具。

在安装 Bazel 之前，需要先做的是安装 JDK8，可以通过以下命令进行。

```
sudo add-apt-repository ppa:webupd8team/java
sudo apt-get update
sudo apt-get install oracle-java8-installer
```

为了保护Linux操作系统的安全,用户进行软件系统更改的前提是已拥有root权限（拥有 root 权限的账户可以理解为 Linux 操作系统默认的系统管理员账户）。上述命令中 sudo 的功能是以另一个用户身份（该用户身份也可以是系统管理员）执行后面的命令。通常情况下，apt 命令配合 sudo 命令一起使用。后续的过程中也会有很多命令配合 sudo 命令一起执行。这种用法通常被看作是在安装这些文件时进行权限提升的一种操作方式，否则，终端极有可能会提示当前用户的权限不足。

此外，sudo 命令还有更多的选项，例如通常用于获取 root 权限的 sudo-s。有关其他选项，读者可以参考相关的命令手册。

对于 Linux 操作系统的每个发行版本（例如 Ubuntu），官方会提供一个软件仓库，其中包含常用的软件。这些软件是安全的，可以正常安装。那么如何安装？假设我们使用的计算机配备了 Ubuntu 系统，则该系统将维护由大量统一资源定位符（Uniform Resource Locator，URL）信息组成的源列表（我们将每个 URL 称为源），并且 URL 指向的数据将告诉我们源服务器上的哪些软件可以被安装并使用。但是，许多软件由于某些原因无法进入官方提供的 Ubuntu 软件仓库，为了方便 Ubuntu 用户使用 Linux 操作系统，Launchpad 官网提供了一种个人软件包文档（Personal Package Archives，PPA）方法。PPA 仅支持 Ubuntu 用户使用，用户可以通过它建立自己的软件仓库并自由地上传软件。所有 PPA 被存储在 Launchpad 官方网站上。

JDK8 的安装共有 3 条命令。第一条命令是 sudo add-apt-repository ppa:webupd8team/java，其作用是添加安装 JDK8 所需的 PPA。第二条命令是 sudo apt-get update，其作用是访问源列表中的每个 URL，读取软件列表，并将其保存在本地计算机上。软件包管理器中的软件列表是通过 update 命令更新的，在终端中执行此命令后，我们会从提示消息中发现执行 sudo apt-get update 命令时，我们添加的 PPA 已添加到需要更新的源列表中。最后一条命令是 sudo apt-get install oracle- java8-installer，其作用是获取安装器（Oracle-java8-installer），此过程需要从网络上下载一些存档文件并解压缩，因而需要输入"y"并按 Enter 键以继续。安装器在终端上先显示 License，待按 Enter 键确认后，会提示是否同意这些协议，这是我们选择"yes"。

接下来，终端界面会提示正在下载 JDK8 的正式安装文件，并进行一些相应的设置，这个过程中通常不会出现任何错误。在整个过程完成之后，JDK8 将被安装在 Linux 操作系统上。

有多种方法可以安装 JDK，例如下载并脱机安装.tar.gz 文件（相应的 JDK 文件可以从 Oracle 官方网站下载）。对于这种安装方法，读者可以参考其他文档。

下面我们安装 Bazel 的其他工具包，具体命令如下。

```
sudo apt-get install pkg-config zip g++ zliblg-dev unzip
```

我们先获取并安装 Bazel 安装文件。安装文件可以在 GitHub 的发布页面上获取，选择并下载 bazel-0.4.3-jdk7-installer-linux- x86_64.sh，其中 0.4.3 表示 Bazel 的版本号。Bazel 的更新速度相对较快，发布页面左侧的 Tags 可以用于查看所有的 Bazel 安装文件。下载好安装文件后，使用以下代码安装 Bazel，其中，chmod +x 命令将向.sh 文件添加可执行权限。

```
chmod +x bazel-0.4.3-jdk7-installer-linux-x86_64.sh
./bazel-0.4.3-jdk7-installer-linux-x86_64.sh --user
```

执行这两条命令后，Bazel 的安装就完成了。但是，我们还需要通过以下命令安装 TensorFlow 的其他依赖工具包。

如果你的 Python 环境是 3.x，那么安装命令如下。

```
sudo apt-get install python3-numpy swig python3-dev python3-wheel
```

如果你的 Python 环境是 2.x，那么对应的安装命令如下。

```
sudo apt-get install python-numpy swig python-dev python-wheel
```

Bazel 安装完后，会在 home 空间中生成一个名为 bin 的文件夹，该文件夹中有一个名为 bazel 的脚本文件。我们可以重新打开一个终端软件并输入 bazel 命令，验证安装是否成功；还可以查看 Bazel 工具包相关信息和命令的使用方法，但是需要在输入 bazel 命令之前导入安装路径。

6．集成开发环境

使用终端编写并运行程序通常会存在一些问题，比如没有智能提示、程序代码的保存较为麻烦、无法添加断点进行调试等，因此我们推荐使用集成开发环境。Pycharm 是 JetBrains 公司开发的一款优秀的 Python 编程集成开发环境，其专业版是需要收费的，只可以免费试用一段时间；教育版是免费的。我们建议使用教育版。

Pycharm 的安装过程较为简单，首先在官网下载 Linux 版本的安装文件，其文件名为 pycharm-professional-2017.2.3.tar.gz。在终端进入该文件所处的位置，并执行以下命令。

```
tar -xvzf pycharm-professional-2017.2.3.tar.gz -C ~
```

以上命令的作用是把下载的 Pycharm 安装文件压缩包解压缩到当前目录中，这个过程大概需要 5 min。之后，我们进入该目录下的以 pycharm2017.2.3 命名的文件夹，打开其中的 bin 文件夹，该文件夹包含一些.sh 文件（Shell 脚本文件）、.so 文件（共享库文件），以及其他可执行文件。

然后我们在终端的 bin 文件夹下，输入以下命令，执行 Shell 脚本文件。

```
sudo sh pycharm.sh
```

以上命令会将脚本文件 Pycharm 安装到系统中（在对系统软件进行修改时最好搭配 sudo 命令）。接下来进入 Pycharm 的初始化阶段，经过简单的设置之后就可以正常使用 Pycharm 了。

3.2.2　在 Python 环境中安装 TensorFlow

TensorFlow 在 Linux 操作系统下进行安装的方式有很多种，较为常见的是使用 Docker 容器进行安装。这种方式需要读者在安装之前先对 Docker 的安装及使用方法有一定的了解。由于篇幅有限，本书不介绍这种安装方式，而是介绍通过 pip 的安装方式和使用源代码编译的安装方式。

pip 是一个安装 Python 软件包并对其进行管理的工具，它可以安装按官方标准打包好的 TensorFlow 及其所需要的工具包。如果用户使用的系统环境较为特殊，比如想要定制化的 TensorFlow 或者 gcc 版本较新，那么此时我们不推荐采用这种方式进行安装。

（1）通过 pip 安装

通过 pip 进行安装共分为以下 3 个步骤。

步骤 1：在终端执行以下命令，安装 pip。

```
# 在 Python 2.x 环境下安装 pip
sudo apt-get install python-pip python-dev
# 在 Python 3.x 环境下安装 pip
sudo apt-get install python3-pip python3-dev
```

步骤 2：对于 TensorFlow 的安装文件，需要先找到合适的 URL，并且在终端使用 export

相关命令进行导入。以 Python 3.6.5 环境为例，导入 TensorFlow 安装文件的命令如下（命令中的链接为内部网址）。

```
export TF_BINARY_URL = /home/ubuntu/data/files/tensorflow-1.5.0-cp36-cp36m-manylinux1_x86_64.whl
```

可以选择的安装文件不止这一个。读者也可以将上述命令中的 URL 替换成想要的版本的 URL，这样可以获取到所需要的版本。关于其他版本，读者可以访问 PyPI 中关于 TensorFlow 的网址（在搜索网站上输入关键词"PyPI tensorflow"即可），便可得到相关的信息。

步骤 3：通过 pip 安装 TensorFlow，需要执行的命令如下。

```
# Python 2.x 环境下的安装命令
pip install --upgrade $TF_BINARY_URL
# Python 3.x 环境下的安装命令
pip3 install --upgrade $TF_BINARY_URL
```

（2）通过源代码编译安装

通过源代码进行编译和安装的过程是：先下载未编译的源代码文件；然后配置编译选项，并使用 Bazel 工具进行编译（编译过程非常长，读者需要耐心等待），待编译完成后会打包为.whl 文件；最后通过 pip 命令安装.whl 文件。

这种安装方式的优点是可以自由选择想要安装的版本，还可以在编译过程中选择框架支持的相关功能。具体安装步骤如下。

步骤 1：在下载开源 TensorFlow 源代码，可以在终端中输入以下命令。

```
wget /home/ubuntu/data/files/tensorflow-1.5.0.tar.gz
```

下载的文件被默认保存在执行命令的目录中。

步骤 2：输入以下命令将其解压缩。

```
tar -xzvf tensorflow-1.5.0.tar.gz
```

步骤 3：使用 cd 命令进入解压缩的文件目录，并运行配置文件，具体代码如下。

```
cd tensorflow-1.5.0./configure
```

编译源代码时，读者可以配置一些编译选项，例如 TensorFlow 是否支持某些功能，以及相关文件的存储位置。

步骤 4：使用编译命令进行源代码编译。在这里，我们使用前面安装的 Bazel 工具，具体命令如下。

```
bazel build --copt=-march=native -copt//tensorflow/tools/pip_package:build_pip_package
```

步骤 5：使用 bazel 命令生成 pip 安装包，具体代码如下。

```
bazel-bin/tensorflow/tools/pip_package/build_pip_package/tmp/tensorflow_pkg
```

步骤 6：使用 pip 命令安装 TensorFlow，具体代码如下。这里使用 pip3 的原因是前面安装了 Anaconda，其内置的 Python 3.6.5 被设置为默认的 Python 环境。

```
pip3 install /tmp/tensorflow-1.5.0-cp36-cp36m-manylinux1_x86_64.whl
```

3.2.3 TensorFlow 的使用

在完成安装 TensorFlow 之后，接下来需要做的是对其进行测试，目的是检验 TensorFlow 安装得是否正确。测试的具体流程是在代码中调用并运行 TensorFlow 的相关库，如果这个过程中没有出现任何报错信息，那么说明 TensorFlow 已经被正确安装了。

Python、C++、C 这 3 种语言都是 TensorFlow 支持的语言，但是 TensorFlow 对 Python 的支持是最全面的。若想要进入 Python 的相关环境，则在终端输入 python 命令或 ipython 命令就可以了。进入到 Python 交互界面之后，使用 TensorFlow 进行编程的具体步骤如下。

步骤 1：通过模块/包的导入语法 import 将 TensorFlow 包导入，代码如下。

```
import tensorflow as tf
```

在 Python 中，import … as … 语法通过重命名的方式导入包，使包变得更易于引用。在以后的编程实践中，我们通常会采用这种导入方式。

步骤 2：定义两个向量（后续的 TensorFlow 编程中称向量为张量），并且分别命名为向量 *a* 和向量 *b*，代码如下。

```
a = tf.constant([l.0, 2.0], name = ''a'')
b = tf.constant([3.0, 4.0], name = ''b'')
```

NumPy 是一个用于科学计算的 Python 工具包，在该工具包中，两个向量的加法运算可以直接通过加号（+）来表示，该方法在 TensorFlow 中同样适用。这里的向量 *a* 和向量 *b* 均可以被理解为数学中的向量。两个向量在定义好之后进行相加，其结果被赋值给 **result** 向量，具体代码如下。

```
result = a + b
```

步骤 3：定义一个 TensorFlow 会话，代码如下。

```
sess = tf.Session ()
```

步骤 4：运行所定义的会话，代码如下。

```
sess.run(result)
```

得到的结果如下。

```
array([4.0, 6.0], dtype = float32)
```

按照上述步骤虽然能正确安装 TensorFlow，但还是会出现在 Python 环境下加载不顺利的情况。接下来，我们对加载过程中可能出现的情况进行简单展示，例如，在加载过程中出现以下报错信息。

```
importError: /home/usr/anaconda3/bin/ .. /lib/libstd++. so.6 version 'CXXABI_1.3.8'
not found (required by /home/usr/anaconda3/lib/ python3.5/site-packages/tensorflow/
python/_pywrap_tensorflow.so)Failed to Load the native TensorFLow runtime .
```

前面安装的 Anaconda 自带的 conda 工具可以解决这个问题。我们重新打开一个终端软件，输入以下命令。这条命令会从网络中获取到较新版本的 gcc 及其相关的依赖库，并进行更新和安装。

```
conda install libgcc
```

3.3 TensorFlow Playground

TensorFlow Playground，俗称 Tensor-Flow 游乐场，是由谷歌深度学习部门谷歌大脑（Google Brain）团队的成员 JeffDean 在 GooglePlus 上发布的，这是一个开源的机器学习平台，在浏览器中输入并访问其网址，便可进入图 3-5 所示的主页面。在主页面最上方可以看到标语"Tinker With a Neural Network Right Here in Your Browser. Don't Worry, You Can't Break It. We Promise.",意为在你的浏览器中就可以畅玩神经网络!不用担心,我保证你怎么玩也玩不坏它!

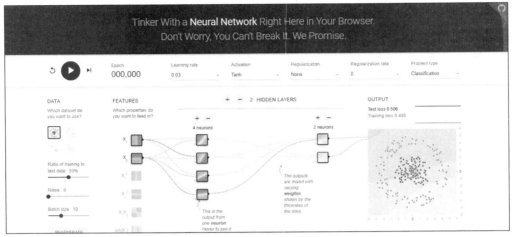

图 3-5　TensorFlow Playground 主页面

3.3.1　菜单选项

下面介绍 TensorFlow Playground 的配置界面。在主页面标语的下方,有一行菜单选项,如图 3-6 所示。

图 3-6　菜单选项

左起第一个图标是复位键,单击该图标可以实现复位。第二个图标是运行/暂停键,单击该图标可以运行配置好的神经网络或者暂停正在运行的神经网络。第三个图标与其右侧的"Epoch"图标相关,每单击一次该图标,就运行一个周期,"Epoch"图标下方相应的值表示定型周期的数量,会随着运行时间的推进而不断增加。其他图标表示神经网络的相关参数,具体如下。

Learning rate 表示学习率,其取值范围为 0～1,步长为 0.01。Learning rate 是监督学习及深度学习中重要的超参数,决定着目标函数能否收敛到局部最小值及何时收敛到最小值。

Activation 表示激活函数,默认为非线性函数 Tanh。同时它还支持 ReLU、Sigmoid、Linear 这 3 种激活函数。

Regularization 表示正则化,利用范数解决过拟合的问题。主页面提供了 None(无参数)、L1 和 L2 这 3 种选择,默认值为 None。

Regularization rate 是用来调整正则化率的选项,其取值范围为 0～10,步长为 1,默认值为 0。

Problem type 表示问题类型，主页面提供 Classification（分类）与 Regression（回归）这两种类型，默认情况下选择的是 Classification。

在图 3-5 中，菜单选项下面的区域从左到右依次为：DATA 区域（数据选择区域）、FEATURES 区域（特征向量区域）、HIDDEN LAYERS 区域（隐藏层区域）和 OUTPUT 区域（输出层区域）。DATA 区域提供了 4 种数据集类型：Circle（圆形数据集）、Exclusive or（异或数据集）、Gaussian（高斯数据集）和 Spiral（螺旋形数据集）。每个数据集中用橙色和蓝色小点来表示样例，每一个小点代表一个样例，其中，橙色（浅灰色）表示正样例，蓝色（深灰色）表示负样例[1]。通过这些橙色（浅灰色）和蓝色（深灰色）的样例的分布形态表示 4 种不同的数据状态。因为只有两种颜色，所以这里是一个二分类问题，被选中的数据也会显示在右侧的 OUTPUT 区域中。

3.3.2　DATA 区域

DATA 区域中的 Ratio of training to test data 表示数据集中训练数据与测试数据的比例，可以直接通过拖拽进度条的方式在 10%～90%之间进行调整。默认情况下它的值是 50%，表示数据集中有 50%的数据用于训练；如果值是 10%，则表示 10%的数据用于训练。不同的选择都会在 OUTPUT 区域中有所显示。Ratio of training to test data 取不同值时 OUTPUT 区域的显示如图 3-7 所示。

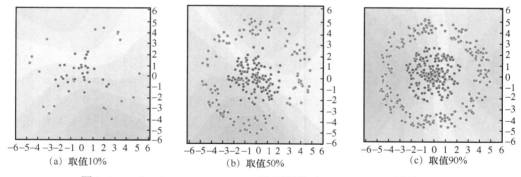

(a) 取值10%　　　　　　(b) 取值50%　　　　　　(c) 取值90%

图 3-7　Ratio of training to test data 取不同值时，OUTPUT 区域的显示

DATA 区域中的 Noise 表示对数据中引入噪声，通过拖拽进度条方式进行调整，其取值范围为 0～50。当该参数值为 0 时，橙色（浅灰色）和蓝色（深灰色）小点分离得越清晰，没有出现交融现象；当该参数值越来越大时，橙色（浅灰色）和蓝色（深灰色）小点会出现越来越多交融现象。Noise 取不同值时 OUTPUT 区域的显示如图 3-8 所示。

DATA 区域中的 Batch size 表示一次训练所选取的样本数据。调整 Batch size 的大小会对神经网络模型的优化程度和速度产生影响。

1　由于本书为单色印刷，故采用橙色（浅灰色）、蓝色（深灰色）这种方式，以实现书和网站展示内容的对应。

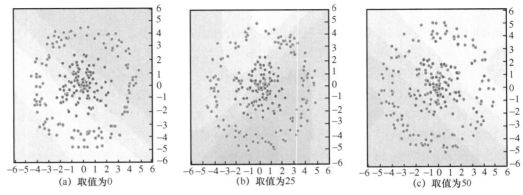

图 3-8　Noise 取不同值时在 OUTPUT 区域的显示

3.3.3　FEATURES 区域

FEATURES 区域属于神经网络结构调整区域，可以根据需要来调整神经网络的结构。FEATURES 区域作为特征向量，是神经网络的输入，也是神经网络的主体。在图 3-5 展示的 FEATURES 区域中，X_1、X_2、X_1^2、X_2^2、X_1X_2 等表示特征向量中每个特征的取值。作为神经网络的输入，不同的问题选取不同的特征向量，特征向量的取值对神经网络最终的使用效果有重要的影响。

3.3.4　HIDDEN LAYERS 区域

HIDDEN LAYERS 区域是神经网络的隐藏层。神经网络的隐藏层位于神经网络的输入和输出之间。一般情况下，神经网络的隐藏层越多，这个神经网络的结构越深，执行时的计算量越大。隐藏层数量的调整可以在页面上通过点击 "+" 和 "-" 这两个图标来实现。图 3-9 展示的神经网络实例有 3 个隐藏层。此外，如图 3-9 所示，神经网络各层之间是通过线进行连接的，表示各层之间的关系和权重。线有大小和颜色的区别。线越粗，表示权重的绝对值越大；反之亦然。线的颜色有两种——蓝色（深灰色）和橙色（浅灰色），蓝色（深灰色）表示正权重，橙色（浅灰色）表示负权重。

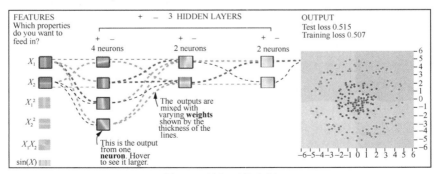

图 3-9　神经网络实例

3.3.5 OUTPUT 区域

OUTPUT 区域中的点根据其值被着色为橙色（浅灰色）或蓝色（深灰色）。背景颜色显示神经网络对特定区域的预测。颜色越深表示该预测的可信度越高。OUTPUT 区域中有两个重要数据——Test loss（测试损失率）和 Training loss（训练损失率）。在进行神经网络超参数的调优时，需要分析参数设置得是否合理，以及网络结构设置得是否合适。我们通过对 Training loss 与 Test loss 进行分析，得出以下结果。

（1）Training loss 不断下降，Test loss 也不断下降，这说明神经网络仍在学习。

（2）Training loss 不断下降，Test loss 趋于不变或者上升，这说明神经网络过拟合。

（3）Training loss 趋于不变，Test loss 不断下降，这说明数据集异常。

（4）Training loss 趋于不变，Test loss 也趋于不变，这说明学习已经遇到瓶颈，需要减小 Learning rate 或 Batch size。

（5）Training loss 不断上升，Test loss 也不断上升，这说明神经网络的结构设计不合适或者超参数设置不合理。

如图 3-10 所示，在 OUTPUT 区域中，单击菜单栏中的运行图标即可观察到输出结果的变化。选中 Show test data 复选框可以显示未参与训练的测试集的情况，选中 Discretize output 复选框可以显示离散化后的结果。

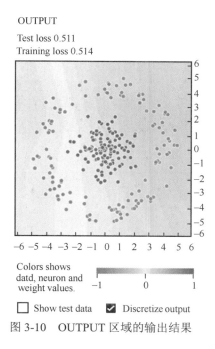

图 3-10 OUTPUT 区域的输出结果

图 3-11 展示了选中不同复选框的输出结果。当勾选了 Show test data 的复选框时，会发现相对于勾选之前，多出了一些比较明显的橙色（浅灰色）小点和蓝色（深灰色）小点，这些点就是在 Ratio of training to test data 中设置的测试点（如图 3-11 所示）。而勾选之前我们看到

的是用于训练的点（如图 3-11（a）所示）。当勾选了 Discretize output 查看离散化的结果时，相对于勾选之前，橙色（浅灰色）背景和蓝色（深灰色）背景的分界线更加明显（如图 3-11（c）所示）。

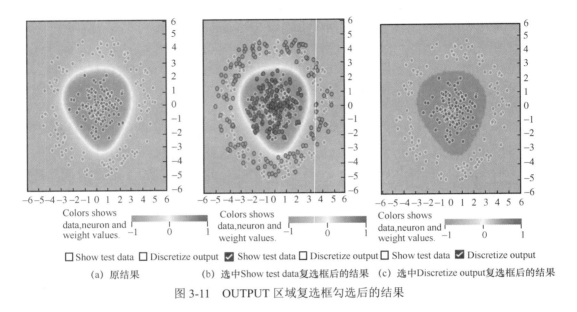

(a) 原结果   (b) 选中 Show test data 复选框后的结果   (c) 选中 Discretize output 复选框后的结果

图 3-11　OUTPUT 区域复选框勾选后的结果

下面用最难的螺旋形数据集试试这个神经网络的表现。

在神经网络出现前，我们往往会竭尽所能地想出尽可能多的特征，把它们全都"喂"给系统，用这样的方法来完成分类。这时的系统是个十分浅的系统，往往只有一层结构，那么让我们先来实验传统的方法。在这里，我们将所有能够想到的 7 个特征都输入系统，并选择只有一个隐藏层的神经网络。从最终的结果可以看出，我们的单层神经系统几乎完美地分离出了橙色（浅灰色）小点和蓝色（深灰色）小点。单层神经网络分类螺旋形数据集的示例如图 3-12 所示。

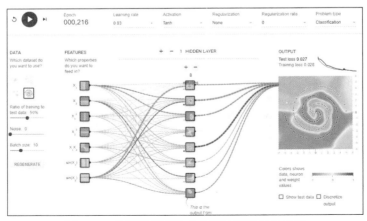

图 3-12　单层神经网络分类螺旋形数据的示例

　　在尝试完传统的方式后，接下来，让我们来体验神经网络真正的魅力！神经网络强大的地方之一就在于我们根本不需要想出各种各样的特征，用来输入给机器学习的系统。我们只需要输入基本特征 X_1、X_2，只要给予足够多层的神经网络和神经元，神经网络会自己组合出最有用的特征。在图 3-13 中，我们只输入了 X_1、X_2，而选择了一个包含 6 个隐藏层、每层有 8 个神经元的神经网络，便得到了一个好于图 3-12 的结果。

　　当我们在解决分类橙色（浅灰色）小点和蓝色（深灰色）小点这样的简单问题时，想出有用的特征似乎并不是难事。但是，当我们要处理的问题越来越复杂时，想出有用的特征就变成了最最困难的事。比如说，当我们需要识别出哪幅图像中的动物是猫，哪幅图像中的动物是狗时，想出有效的特征变得非常困难。

　　而当我们有了神经网络后，我们的系统自己就能学习到哪些特征是有效的，哪些特征是无效的，这就大大提高了我们解决复杂机器学习问题的能力！

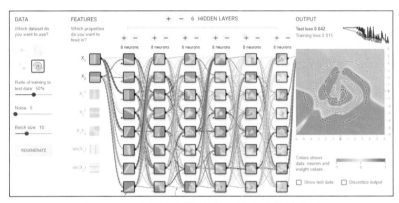

图 3-13　8 层神经网络分类螺旋形数据的示例

3.4　Keras 的核心组件

　　Keras 是一个采用 Python 语言编写的开源人工神经网络库，可以作为 TensorFlow、CNTK 和 Theano 的高阶应用程序接口，实现深度学习模型的设计、调试、评估、应用和可视化。Keras 在设计的时候，遵循了以下原则。

　　对用户友好：提供一致而简洁的应用程序接口，能够极大地减少普通应用下用户的工作量，同时还提供清晰和具有实践意义的漏洞反馈机制。

　　模块化：可以被理解为一个层的序列或数据的运算图，完全可配置的模块可以用最少的代价自由组合在一起。具体而言，网络层、损失函数、优化器、初始化策略、激活函数、正则化方法等都是独立的模块，用户可以使用它们构建自己的模型。

　　易扩展：即可以很容易地添加新模块，只需要仿照现有模块编写新的类或函数。创建新模块的便利性使 Keras 更适合于先进的研究工作。

　　与 Python 协作：Keras 没有单独的模型配置文件类型（作为对比，Caffe 有），其模型由 Python 代码描述，因而更紧凑和更易调试，并提供了扩展的便利性。

从实际应用的角度出发，开发者在解决问题时如有以下需求，可以优先选择 Keras。

（1）Keras 具有高度模块化、极简和可扩充的特性。

（2）Keras 支持卷积神经网络和循环神经网络，或这二者的结合体。

（3）Keras 可在 CPU 和 GPU 之间无缝进行计算切换。

对于 Keras 的安装，需要先根据已经安装的 TensorFlow 的版本确定 Keras 的版本，然后参考下面的指令即可。

```
pip install Keras==2.3.1
```

表 3-1 展示了 TensorFlow 和 Keras 相配套的版本。

表 3-1　TensorFlow 和 Keras 相配套的版本

TensorFlow 版本	Keras 版本
TensorFlow 2.1	Keras 2.3.1
TensorFlow 2.0	
TensorFlow 1.15	
TensorFlow 1.14	Keras 2.2.5
TensorFlow 1.13	Keras 2.2.4
TensorFlow 1.12	
TensorFlow 1.11	
TensorFlow 1.10	Keras 2.2.0
TensorFlow 1.9	
TensorFlow 1.8	Keras 2.1.6
TensorFlow 1.7	
TensorFlow 1.5	
TensorFlow 1.4	Keras 2.0.8
TensorFlow 1.3	Keras 2.0.6
TensorFlow 1.2	
TensorFlow 1.1	
TensorFlow 1.0	

Keras 提供的应用程序接口有 11 个，如图 3-14 所示。我们主要介绍 Models API（模块接口）、Layers API（层接口）、Callbacks API（回调函数接口）、Data preprocessing（数据预处理接口）和 Metrics（模型评价接口）。对于其他应用程序接口，读者可以查看相关文档。

图 3-14　Keras 提供的应用程序接口

3.4.1　Models API

Models API 是 Keras 中最重要的一个模块，用于对不同组件进行组装。Keras 中有两类主要的模型：顺序模型 Sequential 和函数式模型 Model。顺序模型是单输入/单输出，层与层之间只有相邻关系，没有跨层连接关系。这种模型的编译速度快，操作也比较简单。函数式模型是多输入/多输出，层与层之间任意连接，因而其编译速度慢。

下面是顺序模型使用.add()函数来逐层构建神经网络模型，代码如下。

```
from keras.models import Sequential
from keras.layers import Dense
# 模型初始化
model = Sequential()
# 使用 .add() 函数通过一层一层来构建神经网络模型
# 模型需要知道它所期望的输入尺寸，因此顺序模型中的第一层需要接收关于其输入尺寸的信息
model.add(Dense(units = 32, activation = 'relu', input_dim = 784))
# 下面的层不需要输入尺寸信息，可以自动地推断输入尺寸
model.add(Dense(units = 10, activation = 'softmax'))
```

函数式模型是定义复杂模型（如多输出模型、有向无环图、具有共享层的模型）的方法。函数式模型是应用最为广泛的一类模型，顺序模型只是它的一种特殊情况。使用函数式模型构建单模型的代码如下。

```
from keras.layers import Input, Dense
from keras.models import Model
# 返回一个张量
inputs = Input(shape = (784,))
# 网络层的实例是可调用的，它以张量为参数，并且返回一个张量
x = Dense(64, activation = 'relu')(inputs)
x = Dense(64, activation = 'relu')(x)
predictions = Dense(10, activation = 'softmax')(x)
# 这部分创建了 1 个包含输入层和 3 个全连接层的模型
model = Model(inputs = inputs, outputs = predictions)
model.compile(optimizer = 'rmsprop',
              loss = 'categorical_crossentropy',
              metrics = ['accuracy'])
# 生成虚拟数据
import numpy as np
data = np.random.random((1000, 100))
labels = np.random.randint(2, size = (1000, 1))
# 开始训练
model.fit(data, labels)
```

在多输入或多输出模型的情况下，也可以使用列表的方式，代码如下。

```
model = Model(inputs = [a1, a2], outputs = [b1, b3, b3])
```

3.4.2　Layers API

Layers API 主要包括：常用层、卷积层、池化层、递归层、预处理层、归一化层、正

则化层、注意层、重塑图层、合并图层、本地连接层、激活层。

对于这些层而言，操作函数有以下几种。

layer.get_weights()：以含有 NumPy 矩阵的列表形式返回层的权重。

layer.set_weights(weights)：从含有 NumPy 矩阵的列表中设置层的权重（与 layer.get_weights 函数的输出形状相同）。

layer.get_config()：返回包含层配置的字典。该层可以通过以下代码重置。

```
from keras import layers
layer = Dense(32)
config = layer.get_config()
reconstructed_layer = Dense.from_config(config)
```

如果一个层具有单个节点（如非共享层），那么我们可以得到它的输入张量（layer.input）、输出张量（layer.output）、输入尺寸（layer.input_shape）和输出尺寸（layer.output_shape）。

如果层有多个节点，那么我们可以使用以下函数获取相关参数。

layer.get_input_at(node_index)

layer.get_output_at(node_index)

layer.get_input_shape_at(node_index)

layer.get_output_shape_at(node_index)

常用层中定义了丰富的网络层，其中包括全连接层、激活层、嵌入层、覆盖层和 Lambda 层。下面主要介绍常用的全连接层和激活层。

（1）全连接层

全连接层的参数比较多，它们的作用是根据特征的组合进行分类，从而大大减少特征位置给数据分类带来的影响。全连接层的代码如下。

```
keras.layers.Dense(units, activation = None, use_bias = True,
kernel_initializer = 'glorot_uniform', bias_initializer = 'zeros',
kernel_regularizer = None, bias_regularizer = None,
activity_regularizer = None, kernel_constraint = None, bias_constraint = None)
```

各参数的含义如下。

units：全连接层的输出维度，即下一层神经元的个数，其值为正整数。

activation：激活函数，若不指定，则不使用激活函数，也就是使用线性激活函数 $a(x) = x$。

use_bias：表示该层是否使用 bias 偏置向量，其值为布尔型，即真（True）或假（False）。

kernel_initializer：kernel 权值矩阵的初始化器。

bias_initializer：偏置向量的初始化器。

kernel_regularizer：运用到 kernel 权值矩阵的正则化函数。

bias_regularizer：运用到偏置向量的正则化函数。

activity_regularizer：运用到输出层的正则化函数（它的"activation"）。

kernel_constraint：运用到 kernel 权值矩阵的约束函数。

bias_constraint：运用到偏置向量的约束函数。

输入及其尺寸如下。

输入为 n 维张量，其尺寸为（batch_size, …, input_dim）。最为常见的输入是尺寸为（batch_size, input_dim）的二维张量。

输出及其尺寸如下。

输出为 n 维张量，其尺寸：（batch_size, …, units）。例如，对于输入尺寸为（batch_size, input_dim）的二维张量，输出的尺寸为（batch_size, units）。

（2）激活层

激活层对上一层的输出应用激活函数，代码如下。

```
keras.layers.Activation(activation)
```

参数的含义如下。

activation：其值为激活函数，如 ReLU、Tanh、Sigmoid 等。

3.4.3　Callbacks API

回调函数是一组在训练阶段被调用的函数集。回调函数可以被用来查看训练模型的内在状态和统计情况，也可以被用来传递一个列表的回调函数（作为 callbacks 关键字参数）到顺序模型和函数式模型的.fit()方法。在训练时，回调函数的方法就会在相应阶段被调用。

虽然我们称之为回调"函数"，但事实上 Keras 的回调函数是一个类，代码如下。

```
keras.callbacks.Callback()
```

目前，顺序模型的.fit()方法会在传入到回调函数的 logs 中包含以下数据。

on_epoch_end：包括 acc 和 loss 的日志，也可以选择性地包括 val_loss（如果.fit()方法中启用了验证）和 val_acc（如果启用验证和监测精确值）。

on_batch_begin：包括 size 的日志，在当前批量内的样本数据的数量。

on_batch_end：包括 loss 的日志，也可以选择性地包括 acc（如果启用了监测精确值）。

3.4.4　Data preprocessing

Data preprocessing 包括序列数据预处理接口、文本数据预处理接口和图像数据预处理接口。下面我们对每种类型的函数接口进行讲解。

1. 序列数据预处理接口

我们以填充序列 pad_sequences 函数的用法为例，介绍序列数据预处理接口。具体代码如下。

```
keras.preprocessing.sequence.pad_sequences(sequences, maxlen = None, dtype = 'int32',
padding = 'pre', truncating = 'pre', value = 0.)
```

将长度为 nb_samples 的标量序列转化为形如(nb_samples, nb_timesteps)的二维 NumPy 张量。如果 pad_sequences 函数提供了 maxlen 参数，那么有 nb_timesteps=maxlen，否则 nb_timesteps 的值为最长序列的长度。其他长度小于该长度的序列都会在其后部填充 0 以达到该长度；长度大于该长度的序列将会被截断，以使其匹配目标长度。填充和截断发生的位置分别取决于 padding 和 truncating 参数。最终 pad_sequences 函数返回形如(nb_samples, nb_timesteps)的二维张量。

2．文本数据预处理接口

我们以句子分割、字符串编码和分词器为例，介绍文本数据预处理接口。

（1）句子分割函数 text_to_word_sequence 能够将一个句子拆分成由单词构成的列表，其代码如下。

```
keras.preprocessing.text.text_to_word_sequence(text,
                         filters = '!"#$%&()*+,-./:;<=>?@[\]^_`{|}~\t\n',
                         lower = True,
                         split = " ")
```

各参数的含义如下。

text：表示待处理的文本，其值为字符串。

filters：其值为由需要滤除的字符组成的列表或连接形成的字符串，例如标点符号。该参数的默认值为'!"#$%&()*+,-./:;<=>?@[\]^_`{|}~\t\n'，其中包含标点符号、制表符、换行符等。

lower：表示是否将序列设为小写形式，其值为布尔值。

split：表示单词的分隔符（如空格）。

（2）字符串编码函数 one-hot 能够对一段文本进行独热（one-hot）编码，即仅记录词在词典中的下标，其代码如下。

```
keras.preprocessing.text.one_hot(text,
                         n,
                         filters = '!"#$%&()*+,-./:;<=>?@[\]^_`{|}~\t\n',
                         lower = True,
                         split = " ")
```

各参数的含义如下。

n：表示字典长度，其值为正整数。

filters：其值为需要滤除的字符的列表或连接形成的字符串，例如标点符号。默认值为 '!"#$%&()*+,-./:;<=>?@[\]^_`{|}~\t\n'，其中包含标点符号、制表符、换行符等。

lower：表示是否将输出值转换为小写形式，其值为布尔值。

split：表示词的分隔符（如空格）。

该函数的返回值为整数列表，其中每个整数的取值范围为$[1,n]$，代表一个单词（不保证唯一性，即如果词典长度不够，不同的单词可能会被编为同一个码）。

（3）分词器 Tokenizer 是一个用于向量化文本，或将文本转换为序列（即由单词在字典中的下标构成的列表，从 1 算起）的函数，其代码如下。

```
keras.preprocessing.text.Tokenizer(num_words = None,
                         filters = '!"#$%&()*+,-./:;<=>?@[\]^_`{|}~\t\n',
                         lower = True,
                         split = ',
                         char_level = False,
                         oov_token = None,
                         document_count = 0)
```

各参数的含义如下。

num_words：根据计算的词频，保留的最大词数。默认值 None 表示处理所有词。如果设置成一个整数，那么返回的是出现频率较高的 num_words 个词。

　　filters：其值为需要滤除的字符的列表或连接形成的字符串，例如标点符号。默认值为 '!"#$%&()*+,-./:;<=>?@[\]^_`{|}~\t\n'，其中包含标点符号、制表符、换行符等。

　　lower：表示是否将输出值转化为小写形式。

　　split：表示词的分隔符，如空格。

　　char_level：表示是否将每个字符都认为是词，默认值为 Flase。在处理中文时，如果将每个字符认为是词，那么这个参数值为 True。

　　oov_token：如果有传入值，则其被添加到词索引中，用来替换超出词表的字符。

　　document_count：表示文档个数，这个参数一般会根据传入的文本自动计算。

3. 图像数据预处理接口

　　我们在这里介绍使用 ImageDataGenerator 类实现图像数据的预处理，首先通过实时数据增强生成张量图像数据批次，然后将数据按批次不断进行循环处理，具体代码如下。

```
keras.preprocessing.image.ImageDataGenerator(featurewise_center = False,
                                        samplewise_center = False,
                                        featurewise_std_normalization = False,
                                        samplewise_std_normalization = False,
                                        zca_whitening = False,
                                        zca_epsilon = 1e-06,
                                        rotation_range = 0,
                                        width_shift_range = 0.0,
                                        height_shift_range = 0.0,
                                        shear_range = 0.0,
                                        zoom_range = 0.0,
                                        channel_shift_range = 0.0,
                                        fill_mode = 'nearest',
                                        cval = 0.0,
                                        horizontal_flip = False,
                                        vertical_flip = False,
                                        rescale = None,
                                        preprocessing_function = None,
                                        data_format = None,
                                        validation_split = 0.0,
                                        dtype = None)
```

各参数的含义如下。

　　featurewise_center：其值为布尔值，表示将输入数据的均值设置为 0，逐特征进行设置。

　　samplewise_center：其值为布尔值，表示将每个样本数据的均值设置为 0。

　　featurewise_std_normalization：其值为布尔值，表示将输入按特征依次除以数据标准差。

　　samplewise_std_normalization：其值为布尔值，表示将每个输入除以其标准差。

　　zca_whitening：其值为布尔值，表示是否应用零相位成分分析（Zero-phase Component Analysis，ZCA）白化（归一化）。

　　zca_epsilon：其值为 ZCA 白化（归一化）的 epsilon 值，默认为 1e-6（即 1×10^{-6}）。

　　rotation_range：其值为整数，表示随机旋转的度数范围。

width_shift_range：其值为浮点数，表示图像在水平方向的偏移量。

height_shift_range：其值为浮点数，表示图像在垂直方向的偏移量。

shear_range：其值为浮点数，表示以逆时针方向进行剪切时变换的程度，又称为剪切强度。

zoom_range：其值为浮点数或格式为[lower,upper]的列表，表示随机缩放的幅度。若值为浮点数，则相当于[lower,upper] = [1 – zoom_range,1+zoom_range]。

channel_shift_range：其值为浮点数，表示随机通道转换的范围。

fill_mode：表示输入边界以外的点根据给定的模式进行填充。其值为"constant""nearest""reflect""wrap"中的一个，默认值为 nearest。这 4 种填充模式的示例如下。

       constant：   kkkkkkkk|abcd|kkkkkkkk (cval=k)

       nearest： aaaaaaaa|abcd|dddddddd

       reflect： abcddcba|abcd|dcbaabcd

       wrap： abcdabcd|abcd|abcdabcd

cval：其值为浮点数或整数，用于边界之外的点的值。

horizontal_flip：其值为布尔值，表示随机水平翻转。

vertical_flip：其值为布尔值，表示随机垂直翻转。

rescale：表示重缩放因子，默认值为 None。如果值为 None 或 0，则该参数表示不进行缩放，否则将数据（在应用其他转换之前）乘以所提供的值。

preprocessing_function：应用于每个输入的函数，这个函数会在其他改变之前进行运行。这个函数需要输入一个参数——一幅图像（秩为 3 的 NumPy 张量），并且应该输出一个同尺寸的 NumPy 张量。

data_format：图像数据格式，其值为 channels_last 和 channels_first 中的一个，其中 channels_last 模式表示图像输入尺寸应该为(samples, height, width, channels)，channels_first 模式表示输入尺寸应该为(samples, channels, height, width)。该参数的值默认为 Keras 配置文件~/.keras/keras.json 中 image_data_format 的值，如果从未进行过设置，那该值为 channels_last。

validation_split：其值为浮点数，用于验证图像的比例是否被严格控制在 0～1 之间。

dtype：生成数组使用的数据类型。

3.4.5 Metrics

Metrics 用于评估当前训练模型的性能。当模型被编译好后，评价函数应该作为 Metrics 的输入参数。评价函数和损失函数的打印结果是相似的，只不过评价函数的结果不会用于训练过程，具体代码如下。

```
from keras import metrics
model.compile(loss = 'mean_squared_error',
              optimizer = 'sgd',
              metrics = [metrics.mae, metrics.categorical_accuracy])
# 或者
```

```
model.compile(loss = 'mean_squared_error',
              optimizer = 'sgd',
              metrics = ['mae', 'acc'])
```

此外，metrics 参数可以传递已有的评价函数名称，或者传递一个自定义的 Theano/TensorFlow 评价函数。可使用的评价函数有以下几个，它们返回一个表示全部数据平均值的张量。

- binary_accuracy(y_true, y_pred)：二进制精度。
- categorical_accuracy(y_true, y_pred)：分类准确度。
- sparse_categorical_accuracy(y_true, y_pred)：稀疏分类精度。
- top_k_categorical_accuracy(y_true, y_pred, k=5)：最高分类精度。
- sparse_top_k_categorical_accuracy(y_true, y_pred, k=5)：稀疏的目标值预测。

以上函数中参数的含义如下。

y_true：真实标签，是 one-hot 编码的数据，其值为[1, 0]时，表示对应的类型为 0；为[0, 1]时，表示对应的类型为 1。

y_pred：预测值，表示为经过 softmax 函数处理后各个类型的概率，其值为[0.3, 0.7]时，表示类型 0 的概率为 0.3，类型 1 的概率为 0.7。

k：可选项，表示要查看计算准确性的顶级元素的数量。

3.5 使用 TensorFlow 实现神经网络

本节将介绍使用 TensorFlow 来训练一个神经网络模型，对运动鞋、衬衫等服装图像进行分类。对于刚开始接触 TensorFlow 的读者而言，即使不理解所有细节也没关系。我们将通过该实例对完整的 TensorFlow 程序进行介绍，让读者更好地理解如何使用 TensorFlow 实现神经网络。

实例使用 tf.keras，它是 TensorFlow 中用来构建和训练模型的高级应用程序接口。具体代码如下。

```
#导入 TensorFlow 及 tf.keras
import tensorflow as tf
from tensorflow import keras
# 导入需要的包
import numpy as np
import matplotlib.pyplot as plt
```

1. 导入数据集

实例使用 Fashion MNIST 数据集，该数据集包含 10 个类别，共计 70 000 幅灰度图像。这些图像以低分辨率（28 像素×28 像素）展示了单件衣物，部分样本数据如图 3-15 所示。

Fashion MNIST 数据集旨在临时替代经典 MNIST 数据集，而后者常被看作是计算机视觉机器学习程序的 "Hello World"。MNIST 数据集包含手写数字（如 0、1、2 等）的图像，其格式与 Fashion MNIST 数据集中衣物图像的格式相同。

实例使用 Fashion MNIST 数据集来实现多样化，是因为它比经典 MNIST 数据集更具挑战性。这两个数据集都相对较小，也都用于验证某个算法是否按预期工作。对于代码的测试和调试，它们都是很好的选择。

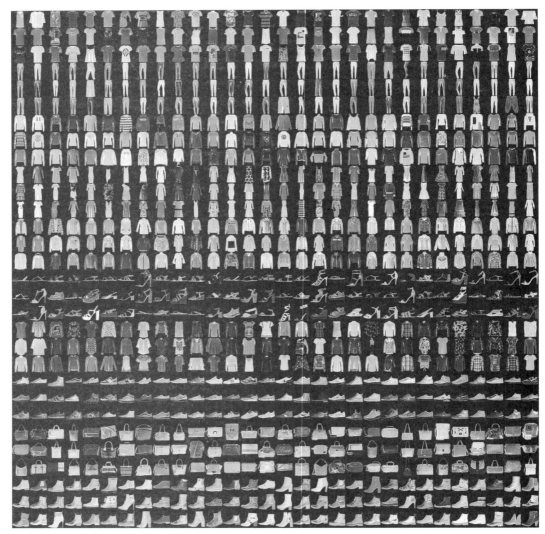

图 3-15 Fashion MNIST 数据集的样本数据（部分）

实例使用 60 000 幅图像来训练神经网络模型，使用 10 000 幅图像来评估神经网络模型对图像分类的准确率。Fashion MNIST 数据集可以通过以下代码，直接从 TensorFlow 中导入和加载。

```
fashion_mnist = keras.datasets.fashion_mnist
(train_images, train_labels), (test_images, test_labels) = fashion_mnist.load_data()
```

加载数据集会返回 4 个 NumPy 数组，其中，train_images 和 train_labels 数组是训练集；test_images 和 test_labels 数组是测试集，会被用来对神经网络模型进行测试。

在 Fashion MNIST 数据集中，图像用 28×28 的 NumPy 数组表示，这些图像的灰度值介于 0～255 之间；标签是整数数组，其值介于 0～9 之间。标签和图像所代表的服装类之间的关系如表 3-2 所示。

表 3-2　标签和图像所代表的服装类之间的关系

标签	服装类
0	短袖圆领 T 恤（T-shirt/Top）
1	裤子（Trouser）
2	套头衫（Pullover）
3	连衣裙（Dress）
4	外套（Coat）
5	凉鞋（Sandal）
6	衬衫（Shirt）
7	帆布鞋（Sneaker）
8	包（Bag）
9	短靴（Ankle Boot）

每幅图像会被映射到一个标签上。由于 Fashion MNIST 数据集不包括服装类名称，因此我们将它们通过以下代码进行存储，供稍后绘制图像时使用。

```
class_names = ['T-shirt/top', 'Trouser', 'Pullover', 'Dress', 'Coat', 'Sandal',
'Shirt', 'Sneaker', 'Bag', 'Ankle boot']
```

2．浏览数据

在训练模型之前，我们先浏览一下数据集中的数据。首先，我们查看训练集中的数据，代码如下。

```
train_images.shape
```

运行结果如下。可以看出，训练集中有 60 000 幅图像，每幅图像的分辨率为 28 像素×28 像素。

```
(60000, 28, 28)
```

接下来我们查看训练集中的标签数，代码如下。

```
len(train_labels)
```

运行结果如下。可以看出，训练集中有 60 000 个标签。

```
60000
```

下面，我们查看训练集中的标签，代码如下。

```
train_labels
```

运行结果如下。可以看出，每个标签都是一个介于 0～9 之间的整数。

```
array([9, 0, 0, ..., 3, 0, 5], dtype=uint8)
```

然后我们查看测试集中的数据，代码如下。

```
test_images.shape
```

运行结果如下。可以看出，测试集中有 10 000 幅图像。同样地，每幅图像的分辨率为 28 像素×28 像素。

```
(10000, 28, 28)
```

接下来我们查看测试集中的标签数，代码如下。

```
len(test_labels)
```

运行结果如下。可以看出，测试集包含 10 000 个标签。

```
10000
```

3．数据预处理

神经网络模型在训练之前，必须先对数据进行预处理。我们查看训练集中的第一幅图像，可以看到其灰度值处于 0～255 之间，如图 3-16 所示。具体代码如下。

```
plt.figure()
plt.imshow(train_images[0])
plt.colorbar()
plt.grid(False)
plt.show()
```

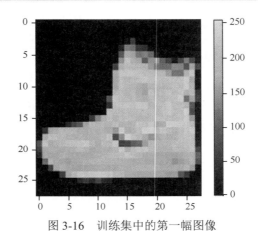

图 3-16　训练集中的第一幅图像

这些值需要缩小至 0～1 之间，并被馈送到神经网络模型，因此，我们将这些值都除以 255。训练集和测试集都以相同的方式进行预处理，代码如下。

```
train_images = train_images / 255.0
test_images = test_images / 255.0
```

为了验证数据的格式是否正确，以及是否已准备好构建和训练神经网络模型，我们查看训练集中的前 25 幅图像，并在每幅图像下方显示服装类名称，代码如下，得到的结果如图 3-17 所示。

```
plt.figure(figsize = (10, 10))
for i in range(25):
    plt.subplot(5, 5, i+1)
    plt.xticks([])
    plt.yticks([])
    plt.grid(False)
    plt.imshow(train_images[i], cmap = plt.cm.binary)
    plt.xlabel(class_names[train_labels[i]])
plt.show()
```

图 3-17　Fashion MNIST 训练集中的前 25 幅图像

4．构建模型

神经网络模型的基本组成部分是层，层会从向其馈送的数据中提取表示形式，因而要构建神经网络模型，需要先配置模型的层，然后再进行编译。

大多数神经网络模型是将简单的层连接在一起，而且大多数层（如 tf.keras.layers.Dense）也具有在训练期间才会学习的参数。配置层的代码如下。

```
model = keras.Sequential([
    keras.layers.Flatten(input_shape = (28, 28)),
    keras.layers.Dense(128, activation = 'relu'),
    keras.layers.Dense(10)
])
```

该神经网络的第一层 tf.keras.layers.Flatten 将图像格式从二维数组（维度为 28×28）转换成一维数组（28×28=784）。将该层中未堆叠的像素行视为图像，并将它们排列起来。该层没有要学习的参数，只会重新格式化数据。

展平像素后，神经网络会包括两个 tf.keras.layers.Dense 层的序列，它们是密集连接或全连接神经层。第一个 Dense 层有 128 个节点（或神经元），第二个 Dense 层会返回一个长度为 10 的 logits 数组。每个节点包含一个得分，用于表示当前图像属于 10 类中的哪一类。

5．编译模型

在对模型进行训练之前，模型参数还需要再进行一些设置：在模型的编译函数中添加以下内容。

- 损失函数：用于测量模型在训练期间的准确率。此函数的值进行最小化处理，以便将模型"引导"到正确的方向上。

- 优化器：决定模型如何根据其看到的数据和自身的损失函数进行更新。
- 指标：用于监控训练和测试步骤。以下示例中使用的是准确率，即被正确分类的图像的比例。

compile 编译函数的代码格式如下。

```
model.compile(optimizer = 'adam',
          loss = tf.keras.losses.SparseCategoricalCrossentropy (from_logits =
True), metrics = ['accuracy'])
```

6. 训练模型

编译之后，模型就可以进行训练了。训练神经网络模型需要执行以下步骤。

步骤 1：将训练数据馈送给模型。在本例中，训练数据位于 train_images 和 train_labels 数组中。

步骤 2：模型通过学习将图像和标签关联起来。

步骤 3：要求模型对测试集（本例中为 test_images 数组）进行预测。

步骤 4：验证预测结果是否与 test_labels 数组中的标签相匹配。

7. 向模型馈送数据

在开始训练之前调用 model.fit 方法（代码如下），这样命名是因为该方法会将模型与训练数据进行"拟合"。

```
model.fit(train_images, train_labels, epochs = 10)
```

得到的输出如下。

```
Epoch 1/10
1875/1875 [==============================] - 3s 1ms/step
- loss:0.4924 - accuracy: 0.8265
Epoch 2/10
1875/1875 [==============================] - 3s 1ms/step
- loss:0.3698 - accuracy: 0.8669
Epoch 3/10
1875/1875 [==============================] - 3s 1ms/step
- loss:0.3340 - accuracy: 0.8781
Epoch 4/10
1875/1875 [==============================] - 3s 1ms/step
- loss:0.3110 - accuracy: 0.8863
Epoch 5/10
1875/1875 [==============================] - 3s 1ms/step
- loss:0.2924 - accuracy: 0.8936
Epoch 6/10
1875/1875 [==============================] - 3s 1ms/step
- loss:0.2776 - accuracy: 0.8972
Epoch 7/10
1875/1875 [==============================] - 3s 1ms/step
- loss:0.2659 - accuracy: 0.9021
Epoch 8/10
1875/1875 [==============================] - 3s 1ms/step
- loss:0.2543 - accuracy: 0.9052
Epoch 9/10
1875/1875 [==============================] - 3s 1ms/step
```

```
- loss:0.2453 - accuracy: 0.9084
Epoch 10/10
1875/1875 [==============================] - 3s 1ms/step
- loss:0.2366 - accuracy: 0.9122
<tensorflow.python.keras.callbacks.History at 0x7fc85fa4f2e8>
```

在模型训练期间，代码会显示损失和准确率指标。从输出中可以看出，此模型在训练集上的准确率达到了 0.912 2（或 91.22%）。

8．评估准确率

训练集的准确率为 91.22%，这是一个较高的准确率。接下来，我们比较模型在测试集上的表现，代码如下。

```
test_loss, test_acc = model.evaluate(test_images, test_labels, verbose = 2)
print('\nTest accuracy:', test_acc)
```

运行结果如下。

```
313/313 - 0s - loss: 0.3726 - accuracy: 0.8635
Test accuracy: 0.8634999990463257
```

结果表明，模型在测试集上的准确率略低于训练集。训练集准确率和测试集准确率之间的差距代表过拟合，过拟合的模型会"记住"训练集中的噪声和细节，从而对模型在新数据上的表现产生负面影响。

9．进行预测

模型在经过训练后，可以用于对一些图像进行预测。模型具有线性输出，即 logits 数组，我们可以增加一个 softmax 层，将 logits 数组转换成更容易理解的概率，代码如下。

```
probability_model = tf.keras.Sequential([model,
                                          tf.keras.layers.Softmax()])
predictions = probability_model.predict(test_images)
```

在上述代码中，模型预测了测试集中每幅图像的标签。我们来看看第一个预测结果，代码如下。

```
predictions[0]
```

运行结果如下。

```
array([6.9982241e-07, 5.5403369e-08, 1.8353174e-07, 1.4761626e-07,
       2.4380807e-07, 1.9273469e-04, 1.8122660e-06, 6.5027133e-02,
       1.7891599e-06, 9.3477517e-01], dtype = float32)
```

预测结果是一个包含 10 个数字的数组，它们代表模型对 10 类服装中每类服装的置信度。下面我们看看哪个标签的置信度最大，代码如下。

```
np.argmax(predictions[0])
```

运行结果如下。

```
9
```

由此可知，模型非常确信这个图像是短靴，或 class_names[9]。我们检查测试集标签，验证这个分类是否正确，代码如下。

```
test_labels[0]
```

运行结果如下。可以看出，这个分类是正确的。

```
9
```

3.6 本章小结

首先，本章介绍了常见的深度学习框架，帮助读者了解深度学习的使用工具。其次，本章介绍了 TensorFlow 的安装，并在 TensorFlow Playground 上演示了神经网络的搭建和使用效果，让读者直观地感受神经网络的魅力。再次，本章介绍了 Keras 的核心组件，并详细展示了相关函数的代码和实例。最后，本章以 Fashion MNIST 数据集为例，搭建并训练神经网络模型，让读者在具体应用中理解神经网络的相关知识，将理论和应用很好地结合起来。

学完本章，读者需要掌握如下知识点。

（1）深度学习框架以 TensorFlow 框架为主，与 TensorFlow 同级别的主流的深度学习框架还有 Caffe、Keras、MXNet 和 CNTK。

（2）TensorFlow Playground 是谷歌贡献的开源机器学习平台，该平台可以让读者更加直观地了解神经网络的工作原理。

（3）Keras 是一个用 Python 编写的开源人工神经网络库，可以作为 Tensorflow、CNTK 和 Theano 的高阶应用程序接口，进行深度学习模型的设计、调试、评估、应用和可视化。

（4）使用 TensorFlow 训练神经网络模型时，会涉及导入数据集、浏览数据、数据预处理、构建模型、编译模型、训练模型、向模型馈送数据、评估准确率、进行预测等过程。

第 **4** 章

TensorFlow 编程基础

前一章介绍了 TensorFlow 的安装，从本章开始，我们将介绍 TensorFlow 中重要的基础概念。4.1 节和 4.2 节分别讲解 TensorFlow 的计算模型（计算图）与数据模型（张量），以及运算模型（会话）；4.3 节讲解 TensorFlow 变量。通过这些内容，我们希望读者能够对 TensorFlow 的工作原理有大致了解。这些内容主要以一些简单函数的使用为主，不涉及实际案例。为了让读者可以熟练使用这些函数，我们在 4.4 节安排了一个实验——识别图中模糊的手写数字。

学习目标

- 掌握计算图和张量的概念。
- 掌握 TensorFlow 中会话的使用和管理。
- 掌握 TensorFlow 变量的创建和使用。
- 完成图中模糊的手写数字的识别实验。

4.1 计算图与张量

TensorFlow 这个名字正是来自计算图和张量这两个概念,其中,计算图作为 TensorFlow 的计算模型,张量作为 TensorFlow 的数据模型。我们将在 4.1.1 小节简单介绍这两个概念,在 4.1.2 小节着重讲解计算图的相关知识,在 4.1.3 小节主要讲解张量的相关内容。

4.1.1 初识计算图与张量

之所以说 TensorFlow 这个名字是从计算图与张量的概念而来的,是因为 TensorFlow 的概念是表示张量的流动过程,而张量的英文表述为 Tensor,数据流动的英文表述为 Flow。数据流动其实就是张量经过计算相互转换的过程。

TensorFlow 代码的计算过程可以用类似于程序流程图的计算图来表示。计算图是一种有向图,在计算图中可以直观地看出数据的整个计算过程。

TensorFlow 中的节点是计算节点,每个计算节点可以有任意多个输入和输出。如果一个计算节点的输入需要另一个计算节点的输出,那么这两个计算节点被认为存在依赖关系,可以使用一条边进行相连。通常意义上数据都会通过边从一个计算节点流动到另一个计算节点,但是有一种特殊的边,它只起依赖控制的作用。简单来说,就是只有这条边的起始计算节点完成计算后,后面的计算节点才能够开始进行计算。

张量就是计算图中流动的数据,这个数据可以是一开始就定义好的,也可以是通过各种计算推导出来的。可以简单、形象地理解张量为多维数组。

在前面的向量相加例子中,其计算图可以表示为图 4-1 所示的形式(计算图可以通过 TensorBoard 生成)。

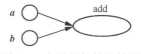

图 4-1   向量相加的计算图

TensorFlow 会把常量通过固定的计算转换成一种输出值。在图 4-1 中,向量 *a* 和向量 *b* 是两个节点,add 操作依赖 *a*、*b* 节点的输出值,所以 add 有两条输入边,分别连接 *a* 节点和 *b* 节点。图 4-1 中没有任何计算依赖 add 操作的输出,所以 add 没有输出边。

4.1.2 TensorFlow 的计算模型——计算图

TensorFlow 的计算图通常被称作 TensorFlow 的计算模型,这个名称因计算图具有 TensorFlow 计算过程可视化的功能而来。计算图具有与程序流程图类似的图形组件,如图 4-2 所示。

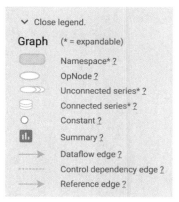

图 4-2　计算图的图形组件

在图 4-1 所示的向量相加例子中，向量 *a* 和向量 *b* 为常量，均用空心圆形表示；add 为计算节点，用椭圆形表示；add 操作依赖于向量 *a* 和向量 *b* 节点的数据输出，所以用带箭头的线表示数据的流动。

下面还是利用向量相加的例子，详细介绍计算图的使用。假设向量 *a*=[1.0,2.0]，向量 *b*=[3.0,4.0]，它们相加的代码如下。

```
import tensorflow as tf
a = tf.constant([1.0, 2.0], name = 'a')
b = tf.constant([3.0, 4.0],name = 'b')
result = a + b
print(a.graph is tf.get_default_graph())
print(b.graph is tf.get_default_graph())
```

上面代码的运行结果如下。

```
True
True
```

在 TensorFlow 代码运行的时候，TensorFlow 系统会自动维护一张默认的计算图。在向量相加代码的运行过程中，TensorFlow 会把所有计算过程自动添加到默认计算图中。默认计算图可以通过调用 get_default_graph 函数来获取，每个计算都有一个 graph 属性，表示这个计算属于哪张计算图。正是因为计算会被自动添加到默认计算图这种机制，所以向量相加代码中的两个打印语句 print 的输出都为 True。

向量相加代码没有显式地创建计算图，而是使用了 TensorFlow 默认的处理机制，这种机制通常能够满足大多数应用场景。但是，如果需要多张计算图来完成计算，那么这时可以调用 Graph 函数创建新的计算图。新创建的计算图可以通过 as_default 函数被设置为默认计算图，设置为默认计算图的好处是不用手动把张量附加到该计算图上。创建新计算图并将其设置为默认计算图的代码如下。

```
import tensorflow as tf
# 使用 Graph 函数创建新计算图
g1 = tf.Graph()
# 把 g1 设置为默认计算图
with g1.as_default():
    # 创建计算图的变量
```

```
    a = tf.get_variable('a', [2], initialize = tf.ones_initializer())
    b = tf.get_variable('b', [2], initialize = tf.zeros_initializer())
# 使用 Graph 函数创建新计算图
g2 = tf.Graph()
# 把 g2 设置为默认计算图
with g2.as_default():
    a = tf.get_variable('a', [2], initialize = tf.zeros_initializer())
    b = tf.get_variable('b', [2], initialize = tf.ones_initializer())
with tf.Session(graph=g1) as sess:
    # 初始化所有变量
    tf.global_variables_initializer().run()
    with tf.variable_scope('', reuse = True):
        print('g1 graph')
        print(sess.run(tf.get_variable('a')))
        print(sess.run(tf.get_variable('b')))
        # 打印
with tf.Session(graph=g2) as sess:
    tf.global_variables_initializer().run()
    with tf.variable_scope('', reuse = True):
        print('g2 graph')
        print(sess.run(tf.get_variable('a')))
        print(sess.run(tf.get_variable('b')))
```

上面代码的运行结果如下。

```
g1 graph
[1. 1.]
[0. 0.]
g2 graph
[0. 0.]
[1. 1.]
```

上面这段创建新计算图并将其设置为默认计算图的代码主要展示计算图的使用。代码中的 get_variable 函数一方面可以用于创建 TensorFlow 变量，另一方面也可以用于获取已经创建的 TensorFlow 变量。代码中的 global_variables_initializer 函数用于初始化所有的 TensorFlow 变量（TensorFlow 变量在开始计算之前都必须进行初始化）。代码中的 variable_scope 函数用于限定变量空间，其作用和 Python 中的作用域类似。

在这段代码中，我们首先使用 Graph 函数创建了一个计算图 g_1，并把 g_1 设置为默认计算图；接着使用 with 语句进行上下文管理。with 语句代码块中的语句把 g_1 当作默认计算图，其中定义的 a 和 b 两个变量都会被附加到 g_1 计算图中，且 a 的全部元素被初始化为 1，b 的全部元素被初始化为 0。之后我们创建了 g_2 计算图，所用代码与创建 g_1 计算图的代码差不多，只是变量 a 和 b 的初始化函数不同。由于一张计算图必须被放到 Session 中进行运行，因此我们把计算图 g_1 和 g_2 分别放到 Session 中进行计算，然后打印出这两张计算图中 a 和 b 的值。

开发人员把自己创建的计算图设置为默认计算图，这是一种很常见的代码编写方式，需要注意的是计算图中的变量和计算是不共享的。通过上面代码就能发现：如果这些变量和计算是共享的，那么两张计算图的运行结果应该是一致的，但事实并非如此，由此可知不同计算图中的变量和计算不共享。

对于计算图，TensorFlow 通过集合来管理不同的资源，这里的资源可以是张量、变量，或者运行 TensorFlow 代码所需要的队列资源，等等。为了简便起见，TensorFlow 自动管理了一些常用的集合及其内容，如表 4-1 所示。我们可以通过 add_to_collection 函数将某个资源加入一个或多个集合，通过 get_collection 函数获取一个集合中的所有资源。

表 4-1　TensorFlow 自动管理的常用集合及其内容

集合	内容
GraphKeys.VARIABLES	所有变量的集合
GraphKeys.TRAINABLE_VARIABLES	可学习的变量（一般指神经网络中的参数）
GraphKeys.SUMMARIES	日志生成的相关变量
GraphKeys.QUEUE_RUNNERS	处理输入的创建线程进行入队操作
GraphKeys.MOVINGAVERAGEVARIABLES	所有计算了滑动平均值的变量

4.1.3　TensorFlow 的数据模型——张量

前一小节介绍了 TensorFlow 的计算模型——计算图，本小节介绍 TensorFlow 中另一个重要的概念——张量。张量是 TensorFlow 的数据模型，TensorFlow 中的数据都是以张量形式表示的。

张量可以简单地理解成不同维度的数组。0 阶张量就是通常意义的标量，只是简单的数字；一阶张量就是一维数组，通常也被称为向量；二阶张量就是二维数组。以此类推，n 阶张量就是 n 维数组。

虽然可以这样理解张量，但是在 TensorFlow 中，张量并不是一个实际的数组，它不记录实际的数据，只是记录了该张量怎么通过计算得到的。我们还是通过向量相加的例子来看看张量保存的数据，具体代码如下。

```
import tensorflow as tf
a = tf.constant([1.0, 2.0], name = 'a')
b = tf.constant([3.0, 4.0], name = 'b')
result = a + b
print(result)
```

上面代码的运行结果如下。

```
Tensor("add:0", shape = (2,), dtype = float32)
```

可以看出代码在打印 **result** 张量的时候，并没有打印实际的计算结果[4, 6]，而是打印了如上结果。这充分说明张量中并没有实际的数据，而是主要保存 3 个属性：名字、维度和类型。任何张量都包含这 3 个属性，这 3 个属性的含义具体如下。

- 名字：不仅是张量唯一的标识符，而且指出了张量是怎么计算出来的。前面已经介绍了 TensorFlow 的计算都可以建立为计算图，计算图中的每个节点表示一个计算，所计算的结果被保存在张量中，所以张量和计算节点的计算结果是对应的。正因为它们相互对应，所以张量名字的形式为 "node:src_output"，这个张量是从哪个节点计算出来的， node 就是这个节点的名字；src_output 表示张量是该节点的第几个输出。比如，上面代码中 **result** 张量的名字是"add:0"，表示 **result** 张量是通过一个叫作 add 的节点进行计算的，且是这个节点的第 1 个输出（从 0 开始编号）。

- 维度：描述了张量的维度信息，比如，**result** 张量的维度是(2,)，表示 **result** 张量的维度是 1，长度为 2。
- 类型：每个张量都有自己的类型。TensorFlow 代码在运行的时候，会对参与计算的张量进行类型检查，如果发现类型不匹配就会报错。依然以向量相加为例，我们把向量 *a*=[1.0,2.0]修改为 *a*=[1,2]，那么 TensorFlow 在运行时就会报错。修改元素类型后向量相加的代码如下。

```
import tensorflow as tf
a = tf.constant([1,2], name = 'a')
b = tf.constant([3.0,4.0],name = 'b')
result = a + b
print(result)
```

这里向量 *a* 中元素的类型由浮点型改成整数型，因此当整数型向量和浮点型向量进行计算的时候，TensorFlow 就会报错，报错内容如下。

```
ValueError: Tensor conversion requested dtype int32 for Tensor with dtype
float32: 'Tensor("b:0", shape = (2,), dtype = float32)'
```

如果想要简写向量元素，不想直接写为小数形式，那么可以在初始化的时候指定类型，具体代码如下。

```
import tensorflow as tf
a = tf.constant([1,2], name = 'a', dtype = tf.float32)
b = tf.constant([3.0,4.0],name = 'b')
result = a + b
print(result)
```

TensorFlow 提供了不同的数据类型，分别为：整数型、浮点型、布尔型、复数型。整数型可以分为 int8、int16、int32、int64、unit8；浮点型可以分为 float32、float64；布尔型只有布尔值；复数型可以分为 complex64、complex128。在声明常量或者变量时，可以使用 dtype 关键字指定为某个数据类型。如果没有使用 dtype 关键字指定数据类型，那么 TensorFlow 会使用默认数据类型——浮点型。

和 TensorFlow 的计算模型相比，张量的应用场景简单了很多。张量的应用场景主要有以下两种。

第一种应用场景是存储中间结果。当计算过程中有很多的中间结果时，通过定义不同的张量能够提高代码的可读性。下面的代码中，有两种代码编写方式，其功能都是完成向量的相加，其中，第一种方式定义了张量，第二种方式没有定义张量。

```
# 第一种方式
a = tf.constant([1.0, 2.0], name = 'a')
b = tf.constant([3.0, 4.0], name = 'b')
result = a + b
# 第二种方式
result = tf.constant([1.0, 2.0], name = 'a') + tf.constant([3.0, 4.0],name = 'b')
```

可以很明显地看出，采用第一种方式编写的代码具有更高可读性，便于后期维护。所以，在使用 TensorFlow 编写代码时，一定要合理地定义张量。

第二种应用场景是查看计算模型构造好后的计算结果。虽然不能直接打印张量所得到的结果，但是可以通过建立会话（Session），并在会话上调用 run 函数来获取张量的实际结果。下面这段代码展示了这种应用场景——查看向量相加的计算结果。

```
import tensorflow as tf
a = tf.constant([1.0, 2.0], name = 'a')
b = tf.constant([3.0, 4.0], name = 'b')
result = a + b
# 定义会话
with tf.Session() as sess:
tf.global_variables_initializer().run()
print(sess.run(result))
```

上面代码的运行结果如下。

```
[4. 6.]
```

4.2 TensorFlow 的运行模型——会话

4.1 节介绍了 TensorFlow 的计算模型和数据模型，本节主要讲解如何利用会话运行已经定义好的计算。TensorFlow 中的会话拥有并管理 TensorFlow 代码运行时的所有资源。当所有计算完成后，TensorFlow 需要关闭会话来帮助计算机系统回收资源，否则计算机系统可能出现资源泄露的问题。

为了便于读者理解会话，我们先介绍 TensorFlow 系统结构，再介绍会话的使用和配置，最后介绍占位符的使用。

4.2.1 TensorFlow 系统结构

图 4-3 展示了 TensorFlow 系统结构。

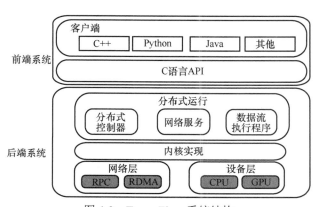

图 4-3　TensorFlow 系统结构

注：RPC，Remote Procedure Call，远程过程调用；RDMA，Remote Direct Memory Access，远程直接存储器访问。

从图 4-3 中可以看出, TensorFlow 系统由两大部分组成, 分别是前端系统和后端系统, 其中, 前端系统主要提供各种语言的编程接口, 完成计算图的构造; 后端系统提供运行环境, 负责执行计算图。我们在这里重点介绍客户端、分布式控制器、网络服务、内核实现, 这 4 个组件是 TensorFlow 的核心部分。

（1）客户端: 前端系统的主要组成部分, 是一个支持多语言的编程环境。它提供基于计算图的编程模型, 方便用户构造各种复杂的计算图, 实现各种形式的模型设计。客户端以会话为桥梁, 连接 TensorFlow 后端系统, 并启动计算图的执行。

（2）分布式控制器: 与前端系统通过会话相连。当前端系统提交计算图后, 它对计算图进行反向遍历, 找到所依赖的最小子图, 然后将该子图拆分成多个子图片段, 以便这些子图片段在不同的进程和设备上运行。分布式控制器最后把子图片段发送到网络服务, 由网络服务启动子图片段的执行。

（3）网络服务: 相当于任务执行器, 会被每个任务启动。它首先从分布式控制器那里接收子图片段, 然后按照计算图节点之间的依赖关系, 根据当前的可用硬件环境（网络服务会连接设备层中的硬件）, 调用运算符的内核实现, 完成运算符[加（+）、减（−）、乘（×）、除（/）]的运算。此外, 网络服务还要负责将计算结果发送到其他网络服务, 或者接收来自其他网络服务的计算结果。

（4）内核实现: 运算的底层实现接口, 是基于使用某种特定硬件实现的运算。

TensorFlow 支持单机模式和分布式模式, 其中, 单机模式下的客户端、分布式控制器和任务执行器都在同一台计算机上, 分布式模式会根据实际情况把这些组件放在不同的机器上。我们会在后续章节中介绍分布式模式的相关内容, 目前先按照单机模式讲解和运行 TensorFlow。图 4-4 展示了单机模式下各个组件的连接关系。

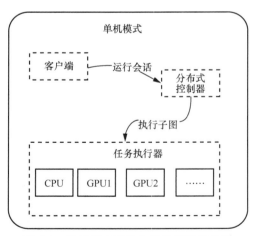

图 4-4　单机模式下各个组件的连接关系

要想运行前端系统的客户端构造出来的计算图, 就必须将其发送到后端系统。客户端和后端系统是通过会话进行连接的, 所以接下来我们介绍会话的使用方法, 以便执行计算图。

4.2.2　会话的使用

会话作为前端和后端交互的接口，首先必须实例化出一个 Session 类，然后通过调用会话提供的 run 函数来执行计算图。run 函数中必须传入需要执行的张量节点，并提供计算所需的数据。TensorFlow 会根据构造出的计算图查找这个计算所依赖的节点，然后按照顺序依次执行各节点的计算。会话还提供了一个 extend 函数，该函数能够扩展当前的计算图，为该图添加节点和边。在大多数情况下，TensorFlow 并不需要调用 extend 函数，只执行整个计算图或者计算图中的某些子图。

会话有两种使用方式，第一种方式是开发人员显式调用会话创建函数和会话销毁函数，第二种方式是通过使用 with/as 语句进行上下文管理。

显式创建会话是通过调用会话构造函数来完成的，销毁会话则是通过 Session 类的 close 函数来完成的，以释放会话所占用的资源。采用第一种方式显式创建会话的代码如下。

```
# 调用构造函数创建会话
sess = tf.Session()
# 在会话中使用 run 函数进行计算，需要传入计算节点
sess.run(...)
# 关闭会话
sess.close()
```

上述代码首先调用构造函数创建会话，然后调用 run 函数执行计算图，最后调用 close 函数关闭会话。在创建会话时，创建函数可以直接传入一些参数，但这不是本小节的主要内容，我们在此不展开介绍。

在向量相加的代码中，我们通过以下代码定义会话，并输出向量相加的实际结果。

```
sess = tf.Session()
print(sess.run(result))
```

这段代码采用的是会话的第一种使用方式，只是没有显式调用 close 函数，是因为向量相加的代码量很小，执行到 print 这里就结束了，所占用的资源也会被释放掉。标准做法还是要在最后显式调用 close 函数。

显式调用会话创建函数和会话销毁函数这种方式有个不好的地方，那就是在 close 函数之前可能会产生异常，从而导致 close 函数无法被执行，资源无法被释放。为了能够确保资源的正确释放，代码中需要使用将要介绍的方式——with/as 语句。

要保证会话的正常关闭，其实也是有办法的，那就是使用 try/finally 语句，但是这种语句在编写时会稍微复杂。而会话是支持上下文管理功能的，所以可以简便地使用 with/as 语句完成 try/finally 的功能。对会话使用 with/as 语句，按照如下代码格式编写即可。

```
with tf.Session() as sess:
    # 会话执行代码块
    sess.run(...)
```

上面的代码能够创建出一个会话并赋值给 as 关键字后面的变量，然后使用这个变量

对会话进行操作。会话操作代码放在 with/as 语句下面，当 with/as 语句块被执行完后，能够保证会话的关闭。with/as 语句的使用不仅能够确保代码异常时释放资源，而且能够减少 close 函数的调用次数。

使用 with/as 语句进行上下文管理的流程如下。

（1）执行 tf.Session 函数并返回一个会话对象，该对象包含一个 __enter__ 方法和一个 __exit__ 方法。这是上下文管理必须实现的两个方法。

（2）自动调用 __enter__ 方法。如果存在 as 关键字，则返回的会话对象被赋值给 as 关键字后面的变量，否则被丢弃。

（3）执行 with/as 语句中的代码块。

（4）如果代码块产生异常，那么会话调用 __exit__ 方法。如果 __exit__ 方法返回 False，则代码块的异常重新被触发，否则 __exit__ 方法会使代码块的异常终止传递。

（5）如果代码块没有产生异常，那么会话也会调用 __exit__ 方法，只是这时传入的参数都为 None。不管是否产生异常，会话的 __exit__ 方法都会关闭当前会话。

TensorFlow 在运行的时候会自动创建默认计算图，但不会自动创建默认会话。如果要把一个会话设置成默认会话，则需要显式调用 as_default 函数。以下代码可实现将一个会话设置成默认会话的功能。

```
with tf.Session().as_default():
    # 会话执行代码块
    sess.run(...)
```

既然会话被设置为默认会话，那么会话也就不用被赋值给某个变量了，因此上面代码不再需要 as 关键字，这是因为默认会话可以直接调用 eval 方法获取某个张量的取值。使用 eval 方法进行计算的代码格式如下。

```
with tf.Session().as_default() as sess:
    # 直接调用 eval 方法对张量进行取值
    print(result.eval())
```

eval 方法和 run 函数具有相似的功能，都是获取张量的值，但在细节方面有所区别。eval 方法一次只能获一个张量的值，而 run 函数可以一次性获取多个张量的值。

TensorFlow 还提供了一个用于快捷创建默认会话的类——InteractiveSession，使用这个类实例化出来的会话就是默认会话。这个类的构造函数和会话的构造函数是一样的，二者唯一的区别是使用 InteractiveSession 类可以减少调用 as_default 函数的次数。

4.2.3　会话的配置

会话在生成的时候，通常会进行一些配置，这些配置是通过会话初始化函数中的 config 参数进行的。会话的配置项有很多，比如设备数量、并行线程数、阻塞操作的全局超时时间等，为了使配置更加简单，TensorFlow 提供了 ConfigProto 函数，并将这个函数的返回值作为 config 参数的值。

使用 ConfigProto 函数进行参数配置是最常见的方式，这个函数中可以配置的参数有很多，但我们目前只介绍常用的两个参数的配置。这两个参数会在后续章节中被用到，并且实际开发过程中也会被经常用到。

　　第一个参数是 log_device_placement。这个参数是布尔型参数，其中文含义就是日志设备位置，当它的值为 True 时表示日志会记录每个节点运行的设备位置信息，这样便于调试。但在生产环境中，我们建议该参数的值不要设置为 True，而是设置为 False。

　　第二个参数是 allow_soft_placement，这个参数也是布尔型参数，当它的值为 True 时表示运算如果不能在 GPU 上运行就被转移到 CPU 上运行。

　　对会话进行配置的代码如下。

```
config = tf.ConfigProto(log_device_placement=True, allow_soft_placement = True)
sess = tf.Session(config = config)
```

4.2.4　占位符的使用

　　前面内容中都是用到一个数据就定义一个张量，但实际代码中通常有很多数据，如果每一个数据都定义一个张量，那么不仅会降低代码可读性，而且会使计算图的节点变多，导致计算效率低下。为了解决这个问题，TensorFlow 提供了占位符（Placeholder）功能，这个功能可以把结构类似的数据定义成一个节点，然后根据实际需要传入不同的数据。

　　例如计算向量 a 和向量 b 的和，其中，向量 a 的值是固定的，向量 b 有很多不同的值。根据每一个数据就定义一个张量，则每个不同值的向量 b 都需要定义一个张量，然后与向量 a 求和，这样就出现了刚才说的计算图中节点太多的问题，且代码可读性很低。要是能够定义一个结构相似、但数据不用固定的节点就好了，这样就可以通过一个节点把不同的数据传入向量 b，和向量 a 进行计算，这其实就是占位符的作用。

　　我们把前文中向量求和的代码改成使用占位符来实现（称之为占位符版本），具体如下。这个版本只是为了给大家演示如何使用占位符，实际应用中如果只有简单的两个变量，就没必要将变量定义成占位符了。

```
import tensorflow as tf
a = tf.placeholder(tf.float32, shape = (2,), name = 'input')
b = tf.placeholder(tf.float32, shape = (2,), name = 'input')
result = a + b
with tf.Session() as sess:
    print(sess.run(result, feed_dict = {a:[1.0, 2.0], b:[3.0, 4.0]}))
```

　　placeholder 在定义的时候，必须指定数据类型，可以不指定 shape 参数。当不确定数据的维度时，可以指定 shape 参数为 None，然后在数据传入或节点计算时进行自动推算。此外，placeholder 在定义时也可以不指定 name 参数。

　　placeholder 只是作为一个占位符，并没有其他作用。在代码中，如果特定张量值的计算依赖于某些 placeholder，那么在调用的 run 函数中必须通过 feed_dict 参数指定 placeholder 的值。这里的 feed_dict 参数是一个字典，其名为 placeholder 变量名。

　　计算时如果代码中没有指定依赖的 placeholder，那么 TensorFlow 运行时会报错，比如，下面的代码中没有指定向量 b 的值：

```
import tensorflow as tf
a = tf.placeholder(tf.float32, shape = (2,), name = 'input')
b = tf.placeholder(tf.float32, shape = (2,), name = 'input')
result = a + b
with tf.Session() as sess:
    print(sess.run(result, feed_dict = {a:[1.0, 2.0]}))
```

那么，TensorFlow 在运行时会报如下错误。

```
InvalidArgumentError (see above for traceback): You must feed a value for
placeholder tensor 'input_1' with dtype float and shape [2]
```

占位符的设计初衷是在有限的节点上，高效地接收大规模的数据。在上面的程序中，把长度为 2 的向量 b 变成 n×2 维的矩阵，将矩阵中的每行数据作为一个样本数据和向量 a 进行计算，这样最终会得到一个 n×2 维的矩阵，也就是 n 个不同的向量与向量 a 求和的结果。下面代码展示了 n=4 的情况。

```
import tensorflow as tf
a = tf.placeholder(tf.float32, shape = (2,), name = 'input')
b = tf.placeholder(tf.float32, shape = (4, 2), name = 'input')
result = a + b
with tf.Session() as sess:
    print(sess.run(result, feed_dict = {a:[1.0, 2.0], b:[[3.0, 4.0], [5.0, 6.0],
[7.0, 8.0], [9.0, 10.0]]}))
```

这段代码展示了占位符的特性，即不用定义 4 个张量来分别表示[3.0, 4.0]、[5.0, 6.0]、[7.0, 8.0]、[9.0, 10.0]，而只需要定义一个 placeholder，在计算时传入数据即可。这段代码运行的结果如下。

```
[[ 4.  6.]
 [ 6.  8.]
 [ 8. 10.]
 [10. 12.]]
```

我们在 4.4 节将使用占位符传递不同的数字图像数据。

4.3 TensorFlow 变量

在神经网络中，参数是重要的组成部分。一个神经网络中往往包含了大量的参数。在 TensorFlow 中，变量的作用就是保存网络中的参数，神经网络参数的更新其实就是变量的重新赋值。

4.3.1 变量的创建

在 TensorFlow 中，创建变量的方式有多种，本小节主要介绍使用 Variable 类实例化变量。使用 Variable 类创建变量有两个重要的步骤：首先调用 Variable 构造函数进行变量实例化，然后在 Variable 构造函数中传入一个初始化方法。初始化方法有 3 种，第一种是随机数初始化方法，第二种是常量初始化方法，第三种是使用其他变量值进行初始化的方法。

（1）随机数初始化方法

在神经网络中，有些参数在开始时并不能确定该用什么值，这时需要把参数的初始值设置为随机数。对于这种情况，随机数初始化方法是比较合适的。比如，对于神经网络中各个属性的权重，通常的做法是把这些属性的权重设置为随机数，具体代码如下。

```
weights = tf.Variable(tf.random_normal([3, 4], mean = 0, stddev = 1))
```

上面代码演示了变量的创建，并且使用 random_normal 函数把变量初始化为一个 3×4 维的矩阵，其中矩阵中的元素是服从标准差为 1、均值为 0 的正态分布的随机值。上面代码中的 stddev 参数用于设置标准差，mean 参数用于设置均值，其中，均值默认为 0。

TensorFlow 除了提供服从正态分布的随机数初始化函数，还提供一些其他的随机数初始化函数。TensorFlow 随机数初始化函数及其功能如表 4-2 所示。

表 4-2 TensorFlow 随机数初始化函数及其功能

函数	功能
random_normal	将变量初始化为服从正态分布的随机值；主要参数有：维度、平均值、标准差、数值类型、随机种子、名称
truncated_normal	将变量初始化为服从正态分布的随机值，但如果随机值偏离均值超过两个标准差，那么重新取随机值；主要参数有：维度、平均值、标准差、数值类型、随机种子、名称
random_uniform	将变量初始化为服从平均分布的随机值；主要参数有：维度、最小值、最大值、数值类型、随机种子、名称
random_gamma	将变量初始化为服从伽马分布的随机值；主要参数有：维度、alpha、beta、数值类型、随机种子、名称

表 4-2 所示函数的定义如下。

```
random_normal(shape, mean = 0.0, stddev = 1.0, dtype = dtypes.float32, seed = None,
name = None)
truncated_normal(shape, mean = 0.0, stddev = 1.0, dtype = dtypes.float32, seed = None,
name = None)
random_uniform(shape, minval = 0, maxval = None, dtype = dtypes.float32, seed = None,
name = None)
random_gamma(shape, alpha, beta = None, dtype = dtypes.float32, seed = None,
name = None)
```

（2）常量初始化方法

TensorFlow 中经常用到的常量初始化函数及其功能如表 4-3 所示。

表 4-3 TensorFlow 常量初始化函数及其功能

函数	功能
zeros	生成全 0 数组
ones	生成全 1 数组
fill	生成全为指定值的数组
constant	生成一个指定数组

表 4-3 所示函数的定义如下。

```
zeros(shape, dtype = dtypes.float32, name = None)
ones(shape, dtype = dtypes.float32, name = None)
fill(dims, value, name = None)
constant(value, dtype = None, shape = None, name = "Const", verify_shape = False)
```

这些函数的使用示例如下。

```
tf.zeros([2, 3], tf.int32)    # 生成 2 行 3 列的全 0 数组[[0, 0, 0], [0, 0, 0]]
tf.ones([2, 3], tf.int32)     # 生成 2 行 3 列的全 1 数组[[1, 1, 1], [1, 1, 1]]
tf.fill([2, 3],  4)           # 生成 2 行 3 列的数组[[4, 4, 4], [4, 4,4]]，其中 4 为指定值
tf.constant([1, 2, 3])        # 生成指定数组[1, 2, 3]
```

神经网络中通常需要把偏置项（biases）设置为常量。下面展示了偏置项常见的代码格式。

```
# 生成一个长度为 3 的一维数组，该数组的元素值都为 0
biases = tf.Variable(tf.zeros([3]))
```

（3）使用其他变量值进行初始化的方法

TensorFlow 还可以利用已创建的变量来新创建另一个变量，这时需要对已存在的变量调用 initialized_value 方法，获取新创建变量的初始化值。下面代码展示了这种用法。

```
b1 = tf.Variable(biases.initialized_value())      # b1 初始值等于 biases
b2 = tf.Variable(biases.initialized_value() * 3)  # b2 初始值是 biases 的 3 倍
```

需要注意的是，不管利用上述哪种方法进行变量的初始化，在使用变量之前，都必须明确调用变量的初始化过程。初始化过程也需要在会话中执行，比如刚刚创建的 weights 和 biases 这两个变量需要在会话创建后调用变量的初始化过程。要执行变量的初始化过程，就必须执行变量的 initializer 算子，具体代码如下。

```
sess.run(weights.initializer)
sess.run(biases.initializer)
```

在使用上述方法进行变量初始化时，必须对每个变量执行它的 initializer 算子，而且如果变量之间存在依赖关系，还要注意初始化过程的先后顺序，这会使变量的初始化变得相当麻烦。而 TensorFlow 提供了一种更加便捷的方式，能够批量进行变量的初始化。global_variables_initializer 函数就可以完成变量的批量初始化，其代码如下。

```
init_op = tf.global_variables_initializer()
sess.run(init_op)
```

不管有多少个变量，也不管变量之间有什么依赖关系，它们都可以使用上述两行代码完成初始化过程，这样大大降低了代码的复杂度。在实际应用中，有的程序员可能会使用 initialize_all_variables 函数进行变量的批量初始化，这是 TensorFlow 较早版本的用法。我们建议在 TensorFlow 新版本中最好使用 global_variables_initializer 函数。

下面代码以向量相乘为例，展示了 TensorFlow 编程惯例。我们以会话的创建为分界线，将程序分作两段：前一段主要定义变量或者计算，用于构建计算图；后一段是在会话中执行计算。这种代码结构的划分方式虽然不是必需的，但是有利于提高代码的可读性。

```
import tensorflow as tf
# 定义常量 x：长度为 2 的向量
x = tf.constant([[1.0, 2.0]])
# 定义变量，设置固定的随机值，以保证每次运行的结果一致
w1 = tf.Variable(tf.random_normal([2, 3], stddev = 1, seed = 1))
w2 = tf.Variable(tf.random_normal([3, 1], stddev = 1, seed = 1))
# 执行矩阵乘法
a = tf.matmul(x, w1)
y = tf.matmul(a, w2)
# 初始化变量操作
init_op = tf.global_variables_initializer()
# 创建会话，执行计算
with tf.Session() as sess:
    # 运行初始化过程
    sess.run(init_op)
    print(sess.run(y))
```

可以看出，这段代码在创建会话之前，先定义了 x、w1、w2、a、y，这其实就是定义计算图；在创建好后，首先初始化所有变量，然后执行矩阵乘法计算过程。这段代码的运行结果如下。

```
[[7.2020965]]
```

在讲解计算图的时候，我们提到过 TensorFlow 会自动管理集合。TensorFlow 会把所有的变量都加入到 GraphKeys.VARIABLES 集合中，通过 all_variables 函数获取当前计算图的所有变量。

TensorFlow 变量的构造函数中有一个 trainable 参数，用来指示该变量是否能够被训练或优化。如果 trainable 参数的值被设置为 True，那么这个变量会被 TensorFlow 加入 GraphKeys.TRAINABLE_VARIABLES 集合，TensorFlow 在运行时会把该集合中的变量当作默认优化对象。GraphKeys.TRAINABLE_VARIABLES 集合中的全部变量可以通过 trainable_variables 函数进行获取。

4.3.2 变量与张量

我们在 4.1.3 小节讲解了张量，它是所有数据的组织形式；在 4.3.1 小节介绍了变量，但没有介绍这两者之间的关系。它们的关系就是接下来要介绍的内容。在 TensorFlow 代码中，使用 Variable 函数进行变量创建时，TensorFlow 会把其当作一个计算过程，并输出一个包含名称、维度、数据类型的张量。图 4-5 展示了上一小节中矩阵乘法的计算图。

从图 4-5 可以看出，Variable 节点是一个计算节点，依赖 random_normal 节点的输出，并且把计算结果输出给 matmul 函数计算。如果定义变量时指定了 name 属性，那么计算图中的计算节点会按照指定的名字显示。

我们现在把 Variable 节点和 random_normal 节点展开，如图 4-6 所示。

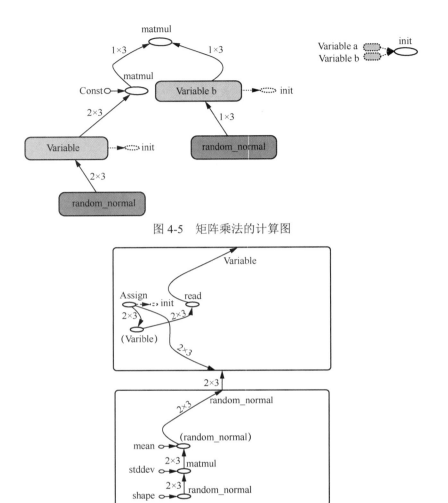

图 4-5　矩阵乘法的计算图

图 4-6　Variable 和 random_normal 节点的展开

　　我们主要关注 Variable 节点的展开图。从图 4-6 可以看出，Variable 节点的计算过程经历了多个不同的阶段：首先从 random_normal 节点的输出那儿得到数据，通过 Assign 节点把数据的值赋值给变量；然后通过 read 节点得到变量的值，并交给 matmul 函数执行计算。

　　变量一旦被创建，其数据类型就不能更改了，否则 TensorFlow 会报错——类型不匹配——但其维度可以更改。更改变量维度这种用法不会经常出现，通常的用法是相同维度的数据进行相互赋值。要想把一个变量赋值给另一个变量，除了在 Variable 构造函数中用变量作为初始值这种方式，还有一种简单的方式，那就是使用 assign 函数，具体代码如下。

```
import tensorflow as tf
a = tf.Variable(tf.zeros([2, 3]), dtype = tf.float32)
b = tf.Variable(tf.ones([2, 3]), dtype = tf.float32)
sess = tf.Session()
init_op = tf.initialize_all_variables()
sess.run(init_op)
sess.run(tf.assign(a, b))
print(sess.run(a))
```

上面代码的运行结果如下。

```
[[1. 1. 1.]
 [1. 1. 1.]]
```

可以看出，这段代码运行后，a 的元素值全部变为 1。如果想要对不同维度的变量进行赋值，那么在调用 assign 函数时，需要把 assign 函数中的 validate_shape 参数设置为 False。

4.3.3　管理变量空间

我们在 4.3.1 小节中讲解 Variable 构造变量时，强调过变量创建方式不止一种。本小节中，我们将介绍另一种变量创建方式，也就是通过 get_variable 函数创建变量。这个函数不仅可以用于创建变量，还可以用于获取已经创建好的变量。get_variable 函数的使用得益于 TensorFlow 提供的变量空间机制，变量空间的作用类似于编程语言（如 Python）中的作用域，变量空间通过 variable_scope 和 name_scope 函数来实现。

1. 使用 get_variable 函数创建变量

get-variable 函数的定义如下。

```
get_variable(name, shape = None, dtype = None, initialize = None)
```

get-variable 函数还有其他的参数，但是常用的参数就是上面代码所展示的这几个。这些参数的含义如下。

- name：为必填项，用于指定变量的名称。
- shape：用于指定维度信息。创建变量时必须指定维度信息，获取变量则可以不指定维度信息。
- dtype：表示数据类型。该参数也可以通过对具体数据进行推断得到。
- initializer：表示初始化方法。get_variable 函数使用的初始化函数及其功能如表 4-4 所示。

表 4-4　get_variable 函数使用的初始化函数及其功能

函数	功能
constant_initializer	初始化变量为给定的常量
random_normal_initializer	初始化变量为服从正态分布的随机值
truncated_normal_initializer	变量初始化为服从正态分布的随机值，但如果随机值偏离均值超过两个标准差，那么就重新取随机值
random_uniform_initializer	初始化变量服从平均分布的随机值
uniform_unit_scaling_initializer	变量初始化为服从平均分布但不影响输出值数量级的随机值
zeros_initializer	变量初始化为全为 0 数组
ones_initializer	变量初始化为全为 1 数组

可以看出，get_variable 函数的初始化方法和 Variable 构造函数的初始化方法基本上对应，只是前者每种初始化方法比后者中对应的初始化方法多了一个 _initializer 后缀。比如，Variable 函数中的常量初始化方法是 constant，而 get_variable 函数中的常量初始化方法是 constant_initializer，因此使用时要特别注意两者的区别。还有一个需要注意的

地方，那就是 Variable 函数中 name 参数是可选参数，而 get_variable 函数中 name 参数是必选参数。

下面代码展示了分别使用 Variable 函数和 get_variable 函数来创建变量。

```
a = tf.Variable(tf.constant(1.0, shape = [1], name = 'a'))
b = tf.get_variable('b', shape = [1], initialize = tf.constant_initializer(1.0))
print(a)
print(b)
```

上面代码的运行结果如下。

```
<tf.Variable 'Variable:0' shape = (1,) dtype = float32_ref>
<tf.Variable 'b:0' shape=(1,) dtype = float32_ref>
```

可以看出这两个变量的维度和数据类型都一样。

如上所述，get_variable 函数的 name 参数为必填项，这是因为当 get_variable 函数被用作获取变量时，它必须通过 name 参数获取相关变量。如果不指定 name 参数，而是由 TensorFlow 自动生成，那么变量会因变量名的随机性太大而不容易被获取。

2. 使用 get_variable 函数获取已创建变量

（1）variable_scope 函数

在介绍使用 get_variable 获取已创建的变量之前，我们先介绍 variable_scope 函数。variable_scope 函数能够管理变量空间，通常和 with 语句一起使用，在 with 语句块中定义的变量都会属于变量所在空间。某个变量空间中一旦创建了变量，就能够在其范围内启动变量共享功能，重复使用已创建的变量。可以这样理解，变量空间类似于一个集装箱，用于存储变量，所存储的变量能够被重复使用。

在相同的变量空间中，如果创建多个名字相同的变量，那么 TensorFlow 会报错。下面的代码演示了这种情况。

```
import tensorflow as tf
# 在名为 one 的变量空间中创建一个名为 a 的变量
with tf.variable_scope('one'):
    a = tf.get_variable('a', [1], initialize = tf.constant_initializer(1.0))
# 在相同变量空间中再次创建名为 a 的变量
with tf.variable_scope('one'):
    b = tf.get_variable('a', [1])
```

上面代码的运行结果如下。

```
ValueError: Variable one/a already exists, disallowed. Did you mean to set
reuse = True or reuse = tf.AUTO_REUSE in VarScope?
```

有的读者可能认为上面代码中第二个 get_variable 函数的作用应该是获取变量，而不是创建变量。在实际情况中，如果没有在 variable_scope 函数中指定 reuse 参数，那么默认情况下 get_variable 函数会直接创建变量，因此当调用第二个 get_variable 函数时，代码产生了异常，TensorFlow 提示值错误（这个变量已经存在），并提示是否需要把 reuse 设置为 True。

对于变量已存在的这种错误，不要认为是 Python 变量标识符（对应到上面代码中是指 a 和 b 两个变量）相同，而是变量定义时 name 参数值相同。可以看出，上面代码中两个 get_variable 函数的 name 参数值都是"a"，这是导致 TensorFlow 报错的原因。

如果确实想使用之前定义的变量，那么在获取该变量之前，应先指定 variable_scope 函数中的 reuse 参数为 True。下面代码展示了使用已创建变量的情况。

```
import tensorflow as tf
# 在名为 one 的变量空间中创建一个名为 a 的变量
with tf.variable_scope('one'):
    a = tf.get_variable('a', [1], initialize = tf.constant_initializer(1.0))
    print(a)
# 在相同变量空间中再次创建名为 a 的变量
with tf.variable_scope('one', reuse = True):
    b = tf.get_variable('a', [1])
    print(b)
```

上面代码的运行结果如下。

```
<tf.Variable 'one/a:0' shape = (1,) dtype = float32_ref>
<tf.Variable 'one/a:0' shape = (1,) dtype = float32_ref>
```

可以看出，打印的 a、b 变量的结果是一模一样的，这两个变量是同一个。

如果 reuse 参数被设置为 True，但在调用 get_variable 函数时，想获取的变量还没有被创建，name 这时就会产生异常。下面代码展示了这种情况。

```
import tensorflow as tf
# 在名为 one 的变量空间中创建一个名为 a 的变量
with tf.variable_scope('one'):
    a = tf.get_variable('a', [1], initialize = tf.constant_initializer(1.0))
    print(a)
# 在相同变量空间中创建名为 b 的变量
with tf.variable_scope('one', reuse = True):
    b = tf.get_variable('b', [1])
    print(b)
```

这段代码先在变量空间中创建 a 变量，紧接着在相同的变量空间中（reuse 参数被设置为 True），获取一个不存在的变量 b，这时 FensorFlow 就会产生错误（变量不存在），具体如下。

```
ValueError: Variable one/b does not exist, or was not created with
tf.get_variable(). Did you mean to set reuse = tf.AUTO_REUSE in VarScope?
```

综上所述，在 reuse 参数被设置为 False 的情况下，get_variable 函数总是会创建变量，但在相同变量空间中创建已经存在的变量时则会产生错误；在 reuse 参数被设置为 True 的情况下，get_variable 函数总是获取已创建变量，想获取的变量如果不存在则会产生错误；如果存在则获取对应变量。

使用 variable_scope 函数管理变量空间时，变量空间中新创建的变量会把变量空间名作为其变量名的前缀。从如下所示的运行结果中可以看出，变量名是 one/a:0，其中，one 是变量名前缀，也是变量空间的名字；a 是变量定义的 name 参数值；":0" 的输出表示这个变量是生成这个变量运算的第一个结果。

```
<tf.Variable 'one/a:0' shape = (1,) dtype = float32_ref>
```

当嵌套使用变量空间的时候，reuse 参数的使用要尤为注意。并不是说不设置 reuse 参数，这个变量空间的 reuse 参数就会是 False，而是有以下几种情况。

① 最外层的变量空间如果没有设置 reuse 参数，那么 reuse 参数值为默认值 False；如

果设置了 reuse 参数，那么 reuse 参数值为设置的值。

② 嵌套的变量空间如果没有设置 reuse 参数，那么继承上一层变量空间的 reuse 参数值，比如上一层变量空间的 reuse 参数值为 True，那么当前变量空间的 reuse 参数值也为 True。嵌套的变量空间如果设置了 reuse 参数值，那么其 reuse 参数值为设置的值。

下面代码演示了 reuse 参数的继承情况。

```python
import tensorflow as tf
with tf.variable_scope('one'):
    print('one scope reuse:', tf.get_variable_scope().reuse)
    with tf.variable_scope('two', reuse = True):
        print('two scope reuse:', tf.get_variable_scope().reuse)
        with tf.variable_scope('three'):
            print('three scope reuse:', tf.get_variable_scope().reuse)
    print('one scope reuse:', tf.get_variable_scope().reuse)
```

上面代码的运行结果如下。

```
one scope reuse: False
two scope reuse: True
three scope reuse: True
one scope reuse: False
```

（2）name_scope 函数

name_scope 函数提供了类似于 variable_scope 函数的功能，但是 name_scope 函数和 variable_scope 函数的使用场景并不相同，而且在变量空间中调用 get_variable 函数和 Variable 构造函数的表现形式也不相同。

在使用场景上，name_scope 函数通常用于管理计算图可视化的变量空间，能够让计算图在 TensorBoard 中的展示更加有条理；而 variable_scope 函数通常和 get_variable 函数一起使用，实现变量的共享。

在调用形式上，name_scope 函数调用 get_variable 函数创建变量时，不会把变量空间的名字作为前缀添加到变量名中，但调用 Variable 构造函数时会把变量空间名作为前缀添加到变量名中。而 variable_scope 函数不管是调用 Variable 构造函数创建变量还是调用 get_variable 函数创建变量，都会把变量空间名作为前缀添加到变量名中。下面代码展示了这种情况。

```python
import tensorflow as tf
with tf.variable_scope('variable'):
    a = tf.get_variable('var1', [1])
    b = tf.Variable([1], name = 'var2')
    print('variable scope a variable name:', a.name)
    print('variable scope b variable name:', b.name)
with tf.name_scope('name'):
    a = tf.get_variable('var1', [1])
    b = tf.Variable([1], name = 'var2')
    print('name scope a variable name:', a.name)
    print('name scope b variable name:', b.name)
```

上面代码的运行结果如下。

```
variable scope a variable name: variable/var1:0
variable scope b variable name: variable/var2:0
name scope a variable name: var1:0
name scope b variable name: name/var2:0
```

此外，name_scope 函数没有 reuse 参数，也就是说 name_scope 函数在管理变量空间时，不能获取已创建的变量，只能在变量空间中新创建变量。下面的代码展示了这种情况。

```
import tensorflow as tf
with tf.name_scope('name'):
    a = tf.get_variable('var1', [1])
    b = tf.Variable([1], name = 'var2')
    print('name scope a variable name:', a.name)
    print('name scope b variable name:', b.name)
with tf.name_scope('name'):
    a = tf.get_variable('var1')
```

上面代码的运行结果如下。

```
ValueError: Variable var1 already exists, disallowed. Did you mean to set
reuse = True?
```

由此可知，这时 TensorFlow 产生了异常，并提示变量已经存在。虽然后面提示设置 reuse 参数，但是 name_scope 函数是没有这个参数的。

4.4　识别图像中模糊的手写数字

本小节设置了一个项目实战——识别图中模糊的手写数字，旨在使读者巩固本章前面所介绍知识，了解一些神经网络的开发知识。

1．需求描述
使用 MNIST 数据集训练神经网络，使训练好的神经网络能够识别出新图像中的数字。

2．实验步骤
实验按照以下步骤完成。

步骤 1：导入图像数据集

步骤 2：分析图像特征，定义训练变量

步骤 3：构建模型

步骤 4：训练模型，输出中间状态

步骤 5：测试模型

步骤 6：保存模型

步骤 7：加载模型

3．步骤讲解
步骤 1：导入图像数据集

本项目使用的是 MNIST 数据集，这是一个入门级计算机视觉数据集。在学习编程语言时，很多人通常是从打印"Hello World"开始的。在机器学习中，通常从使用 MNIST 数据集进行各种模型实验开始。

TensorFlow 提供了一个库，可以下载并解压数据集，所使用的代码如下。

```
from tensorflow.examples.tutorials.mnist import input_data
mnist = input_data.read_data_sets('mnist_data', one-hot = True)
```

这段代码中的 read_data_sets 函数会查看当前目录下的 mnist_data 文件夹中有没有 MNIST 数据集的数据，如果没有则会从网络上下载；如果有则直接解压。one-hot=True 表示把下载的标签数据的编码方式转换成 one-hot 编码。one-hot 编码通常用于分类模型，比如在本项目中，数字共有 10 个，那么 one-hot 编码就会占 10 位。数字 0 的 one-hot 编码形式是 1000000000，也就是第 0 位的值为 1，其他位置的值为 0；数字 1 的 one-hot 编码形式是 0100000000。以此类推，对应位置的值为 1，其他位置值都为 0。

上面代码执行完后，mnist_data 文件夹中会有两个标签数据文件（t10k-labels-idx1-ubyte.gz 和 train-labels-idx1-ubyte.gz）和两个图像数据文件（t10k-images-idx3-ubyte.gz 和 train-images-idx3-ubyte.gz），如图 4-7 所示。

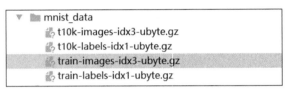

图 4-7 mnist_data 文件夹中的数据文件

步骤 2：分析图像特征，定义训练变量

通过步骤 1 的执行，数据已经下载好了。下面对数据进行分析。

TensorFlow 读取到数据后，把 MNIST 数据集分为 3 个：训练集、测试集、验证集。每个数据集中包含了图像及其标签数据（使用了 one-hot 编码）。现在获取各个数据集的大小，其中，训练集通过 train 属性来获取，测试集通过 test 属性来获取，验证集使用 validation 属性来获取，具体代码如下。

```
print(mnist.train.images.shape)
print(mnist.test.images.shape)
print(mnist.validation.images.shape)
```

上面代码的运行结果如下。由此可知，训练集的维度是 55 000×784；测试集的维度是 10 000×784；验证集的维度是 5 000×784。这表示训练集有 55 000 幅图像，测试集有 10 000 幅图像，验证集有 5 000 幅图像，每幅图像有 784 个像素。由于 MNIST 数据集中每幅图像是 28 像素×28 像素的，因此像素个数就是 784，这相当于把一幅图像从二维的数据形式拉成了一维的数据形式。

```
(55000, 784)
(10000, 784)
(5000, 784)
```

下面选取训练集中的第二幅图像和第二个标签数据，验证图像和标签的对应关系。由于现在的图像数据是一维的数据形式，因此首先把图像数据转化成二维的数据形式，然后把图像展示出来，具体代码如下。

```
# 读取第二幅图像
im = mnist.train.images[1]
```

```
# 把图像数据变成 28*28 的数组
im = im.reshape(-1, 28)
# 展示图像
pylab.imshow(im)
pylab.show()
# 打印第二个标签数据
print(mnist.train.labels[1])
```

得到的图像如图 4-8 所示。

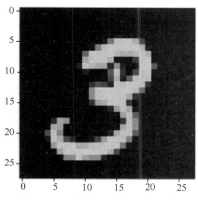

图 4-8 训练集中的第二幅图像

标签数据的打印结果如下。

```
[0. 0. 0. 1. 0. 0. 0. 0. 0. 0.]
```

可以发现，第 4 位的值为 1。按照 one-hot 编码规则，该结果表示的数字是 3。

下面介绍 3 个数据集的使用场景。训练集用于对构建的神经网络进行训练，使得神经网络学习到其中的"经验"，测试集用于验证训练的准确率，验证数据集（简称验证集）评估神经网络的泛化能力。

现在定义输入和输出参数。输入是一幅幅图像，那么它的维度是 $n×784$（表示 n 幅图像）。输出是推测出的数字的 one-hot 编码形式，每幅图像对应一种 one-hot 编码形式，因而输出的维度是 $n×10$。具体代码如下。

```
import tensorflow as tf
# 图像输入占位符
x = tf.placeholder(tf.float32, [None, 784])
# 图像标签数据占位符
y = tf.placeholder(tf.float32, [None, 10])
```

其中，placeholder 中 shape 参数的值为 None 时表示维度可以是任意值，对应到上述代码中则表示根据图像数量来确定。

步骤 3：构建模型

在 TensorFlow 中，神经网络模型通常需要定义权重和偏置项、前向传播函数和反向传播函数。

首先定义权重和偏置项，TensorFlow 中的输出是根据各属性值乘以相应的权重，并加上偏置项来推测的。本实验同样需要定义权重和偏置项，因而先确定权重的维度，由于一幅图像中有 784 个像素，为了确定每个像素对最终结果的影响，需要分别对这 784 个像素进行权重求值，其输出是一个长度为 10 的数组（因为本实验有 10 个数字，即有 10 个类别），因而权重的维度为 784×10。接下来确定偏置项的维度，由于权重求得的结果需要加上偏置项，因此偏置项的维度为长度为 10 的数组。下面我们来定义权重和偏置项，具体代码如下。

```
# 定义权重
weights = tf.Variable(tf.random_normal([784, 10]))
# 定义偏置项
biases = tf.Variable(tf.zeros([10]))
```

通常设置权重初始值为随机数，设置偏置项初始值为 0。

然后，我们定义前向传播函数，前向传播函数的意思就是通过当前的权重和偏置项推测出一个结果。本项目使用分类器 softmax 函数进行分类，这个分类器的作用是把原始的输出结果经过 softmax 层后，推断出各个结果的概率分布情况。比如本项目中一幅图像经过 softmax 层后的输出结果是[0.1, 0.1, 0.6, 0.0, 0.1, 0.0, 0.0, 0.1, 0.0, 0.0]，表示识别为数字 0 的概率是 0.1，识别为数字 1 的概率是 0.1，识别为数字 2 的概率是 0.6……很明显识别为数字 2 的概率最大，那么该图像的识别结果是数字 2。定义前向传播函数的代码如下。

```
# 定义前向传播函数
pred = tf.nn.softmax(tf.matmul(x, weights) + biases)
```

这里把图像数据的权重和作为 softmax 函数的输入，求出结果概率分布，至此，前向传播函数就定义好了。通过这个函数，神经网络就能够基于当前的权重和偏置项推测出图像中的数字了。但是，基于原始的权重和偏置项推测出来的结果肯定会有很大误差，为了减少误差，使推测结果更加准确，我们就需要定义反向传播函数。

最后，我们定义反向传播函数。前向传播函数用于预测，而反向传播函数用于学习调整，减小神经网络模型的误差。要定义反向传播函数，需要先定义损失函数，也就是推测值与标签数据之间的误差；再使用优化器减少误差。

本项目使用交叉熵定义预测值和实际值之间的误差，并使用梯度下降法来减少误差。具体代码如下。

```
# 定义损失函数
cost = tf.reduce_mean(-tf.reduce_sum(y*tf.log(pred), reduction_indices=1))
# 定义学习率
learning_rate = 0.01
# 使用梯度下降法减少误差，即优化器
optimizer = tf.train.GradientDescentOptimizer(learning_rate).minimize(cost)
```

在训练过程中，前向传播函数中的参数 weights 和 biases 会不停地进行调整，以达到损失最小的目的。

步骤 4：训练模型，输出中间状态

模型构建好后，需在会话中训练数据，其实就是运行优化器。定义 training_epochs=25，即对训练集中的所有数据训练 25 次，每次迭代取出训练集中的 100 幅图像进行训练，直到所有图像训练完成为止。定义训练集的大小为 batch_size；每迭代 5 次便输出当前的损失值。具体代码如下。

```
# 迭代次数
train_epochs = 25
```

```
# 每次数据量
batch_size = 100
# 展示当前损失值的迭代频次
display_step = 5
with tf.Session() as sess:
    # 初始化所有变量
    sess.run(tf.global_variables_initializer())
    # 启动循环训练
    for epoch in range(train_epochs):
        # 当前迭代的平均损失值
        avg_cost = 0
        # 计算迭代次数
        total_batches = int(mnist.train.num_examples / batch_size)
        # 循环所有训练数据
        for batch_index in range(total_batches):
            # 获取当前迭代的数据
            batch_x, batch_y = mnist.train.next_batch(batch_size)
            # 运行优化器，并得到当前迭代的损失值
            _, batch_cost = sess.run([optimizer, cost], feed_dict = {x:batch_x,
                        y:batch_y})
            # 计算平均损失
            avg_cost += batch_cost / total_batches
        if (epoch + 1) % display_step == 0:
            print('Epoch:%04d cost=%f' % (epoch+1, avg_cost))
    print("Train Finished")
```

上述代码的运行结果如下。

```
Epoch:0005 cost = 2.160714
Epoch:0010 cost = 1.338857
Epoch:0015 cost = 1.070279
Epoch:0020 cost = 0.931654
Epoch:0025 cost = 0.844308
Train Finished
```

可以看出，随着迭代的进行，损失值（cost）一直在减小。至此，模型训练完成。

步骤 5：测试模型

模型已经完成训练，现在是时候使用测试集验证这个模型的好坏了。准确率的计算方法如下。首先判断预测结果和真实标签数据是否相等，如果相等则是正确的推测，否则是错误预测；然后用正确推测的个数除以测试集的总个数，即可得到准确率。由于是使用 one-hot 编码，因此这里使用 argmax 函数返回 one-hot 编码形式中值为 1 的下标序号。如果预测结果的下标序号和真实标签数据的下标序号相同，则说明推测正确。测试模型的代码如下。

```
# 把每个预测结果进行比较，得出一个长度为测试集大小的数组，数组的元素值都是
# 布尔值,推测正确为 True，否则为 False
    correct_prediction = tf.equal(tf.argmax(pred, 1), tf.argmax(y, 1))
# 首先把上面的布尔值转换成数字，将 True 转换为 1，将 False 转换为 0；然后求准确率
    accuracy = tf.reduce_mean(tf.cast(correct_prediction, tf.float32))
    print('Accuracy:%f' % accuracy.eval({x:mnist.test.images,
        y:mnist.test.labels}))
```

注意：这段代码要在会话上下文管理器中执行。

测试准确率的方法和损失函数的定义方式略有差别，但意义类似。

步骤 6：保存模型

模型在训练好后可以进行保存，以便下次使用。要保存模型，先要创建并实例化一个 Saver 对象，然后调用该对象的 save 方法，具体代码如下。

```
# 创建并实例化 saver 对象
saver = tf.train.Saver()
# 定义模型保存位置
model_path = 'log/t10kmodel.ckpt'
save_path = saver.save(sess, model_path)
print('Model saved in file:%s' % save_path)
```

上面代码运行完后，会在当前目录下的 log 文件夹中保存模型。log 文件夹的目录结构如图 4-9 所示。

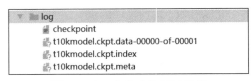

图 4-9　log 文件夹的目录结构

步骤 7：加载模型

下面我们加载训练好的模型，测试加载后的效果。首先启用会话，然后使用 Saver 对象中的 restore 函数加载模型，最后通过两幅图像测试加载的模型的预测结果，并与真实数据进行比较。具体代码如下。

```
print("Starting 2nd session...")
with tf.Session() as sess:
    # 初始化变量
    sess.run(tf.global_variables_initializer())
    # 加载模型变量
    saver = tf.train.Saver()
    model_path = 'log/t10kmodel.ckpt'
    saver.restore(sess, model_path)
    # 测试模型
    correct_prediction = tf.equal(tf.argmax(pred, 1), tf.argmax(y, 1))
    # 计算准确率
    accuracy = tf.reduce_mean(tf.cast(correct_prediction, tf.float32))
    print ("Accuracy:", accuracy.eval({x: mnist.test.images,
        y: mnist.test.labels}))
    output = tf.argmax(pred, 1)
    batch_xs, batch_ys = mnist.train.next_batch(2)
    outputval, predv = sess.run([output,pred], feed_dict = {x: batch_xs})
    print(outputval, predv, batch_ys)
    im = batch_xs[0]
    im = im.reshape(-1,28)
    pylab.imshow(im)
```

```
pylab.show()
im = batch_xs[1]
im = im.reshape(-1,28)
pylab.imshow(im)
pylab.show()
```

上面代码使用的两幅图像在 Pycharm 中的显示如图 4-10 所示，可以看出其中的数字分别为 5 和 0。

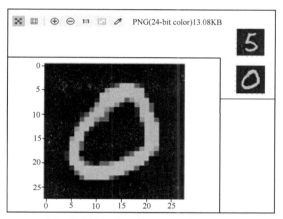

图 4-10　测试模型效果所使用的两幅图像在 Pycharm 中的显示

这段代码的运行结果如下。

```
Starting 2nd session...
Accuracy: 0.8355
[5 0] [[4.7377224e-08 3.1628127e-12 3.2020047e-09 1.0474083e-05 1.2764868e-11
         9.9984884e-01 8.5975152e-08 6.0223890e-15 1.4054133e-04 2.6081961e-09]
        [1.0000000e+00 6.2239768e-19 1.7162091e-10 2.9598889e-11 7.0261283e-20
         2.1224080e-09 4.5077828e-16 1.6341132e-15 2.5803047e-13 9.8767874e-16]]
 [[0. 0. 0. 0. 0. 1. 0. 0. 0. 0.]
  [1. 0. 0. 0. 0. 0. 0. 0. 0. 0.]]
```

从运行结果可以发现有 3 个数组。第一个数组是[5,0]，说明预测是正确的。第二个数组是一个 2×10 维的数组，是概率分布结果。从中可以看出第一行中第 6 个元素的值最大，为 9.9984884e-01，表示这幅图像有很大概率是 5；第二行中第 1 个元素的值最大，为 1.0000000e+00，表示这幅图像有很大概率是 0。第三个数组是两幅图像的 one-hot 编码形式，也可以看出推测的数字分别是 5 和 0。

由于每次测试使用的图像可能不一样，因此我们建议读者根据实际情况查看数据。

4.5　本章小结

本章介绍了 TensorFlow 的重要概念，其中包括模型、张量、会话等；接着详细介绍了变量的创建和使用，并设置了识别图中模糊的手写数字项目实战，以帮助读者学会使用相关知识。

学完本章，读者需要掌握如下知识点。

（1）计算图是 TensorFlow 的计算模型，张量是 TensorFlow 的数据模型。

（2）TensorFlow 程序的计算过程可以用类似于程序流程图的计算图来表示。计算图是一个有向图，可以展现数据的计算过程。

（3）张量就是计算图中流动的数据，这个数据可以是一开始就定义好的，也可以是通过各种计算推导出来的。

（4）TensorFlow 系统分为两大部分：前端系统和后端系统。前端系统主要提供各种语言的编程接口，完成计算图的构造；后端系统提供运行环境，负责运行计算图。

（5）TensorFlow 的 4 个核心部分分别是客户端、分布式控制器、网络服务、内核实现。

（6）会话的使用方式有两种，第一种是开发人员显式调用会话创建和会话销毁函数，第二种是通过使用 with/as 语句进行上下文管理。

（7）TensorFlow 中变量的作用是用来保存网络中的参数，可以使用 Variable 构造函数和 get_variable 函数创建变量。

第 **5** 章

使用 Keras 搭建多层感知机 识别 MNIST 数据集

本章的主要内容是搭建多层感知机，识别 MNIST 数据集。本章首先介绍项目的构建；其次介绍 MNIST 数据集的加载及数据预处理方法；再次介绍多层感知机的搭建和训练方法，并对模型进行改进；最后对训练结果进行评估。

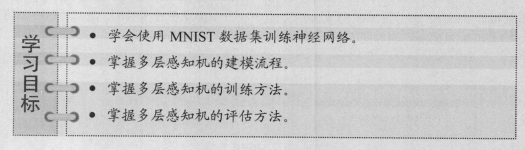

学习目标

- 学会使用 MNIST 数据集训练神经网络。
- 掌握多层感知机的建模流程。
- 掌握多层感知机的训练方法。
- 掌握多层感知机的评估方法。

5.1 构建项目

我们在任意路径下创建一个文件夹，用于存放项目文件。Window 操作系统中可以直接使用单击鼠标右键的方式新建文件夹，Linux 操作系统或 macOS 中可以使用创建文件夹命令 mkdir 新建文件夹。比如，要创建的文件夹名为 MultilayerPerceptron，在 Linux 操作系统中使用的命令如下。

```
ubuntu@localhost: ~ $ mkdir MultilayerPerceptron
```

创建成功后，切换到 MultilayerPerceptron 文件夹，输入 jupyter notebook 命令，即可新建 ipynb 文件，并打开文件，在 Linux 可使用的命令如下。

```
cd MultilayerPerceptron
jupyter notebook
```

5.2 下载和预处理 MNIST 数据集

5.2.1 下载数据集

用于 MNIST 数据集识别的模块较多，因而我们需要先导入相关模块。具体代码如下。

```
import numpy as np
from keras.utils import np_utils
from keras.datasets import mnist
import pandas as pd
import matplotlib.pyplot as plt
```

注意：在导入 Keras 模块时，代码提示 Using TensorFlow backend（使用 TensorFlow 后端系统），这表示代码自动将 TensorFlow 作为 Keras 的后端系统。下面代码展示了使用 mnist.load_data()方法下载 MNIST 数据集，第一次下载会花费较多时间，请读者耐心等待。下载 MNIST 数据集界面如图 5-1 所示。

```
(X_train_image, y_train_label), (X_test_image, y_test_label) = mnist.load_data()
```

```
Downloading data mnist.npz
    679936/11490434 [>.............................] - ETA: 1:04
```

图 5-1 下载 MNIST 数据集

下载好的 MNIST 数据集有默认的保存路径。对于 Windows 操作系统来说，下载的 MNIST 数据集的保存路径为 C:\users\\XXX.keras\datasets\mnist.npz；对于 Linux 操作系统和 macOS 来说，下载的 MNIST 数据集的保存路径为~/.keras/datasets/mnist.npz。

5.2.2　预处理数据集

数据预处理主要包括读取数据集的信息、查看数据集中的图像和标签、数据归一化及转换为 one-hot 编码形式。

1．读取数据集的信息

下载数据完成后，重新执行数据加载代码，如果系统没有提示下载，说明读取数据集成功。我们读取训练集和测试集中的图像和标签，并查看它们的维度，具体代码如下。

```
# 读取数据集中的训练集和测试集
(X_train_image, y_train_label), (X_test_image, y_test_label) = mnist.load_data()
# 查看数据集中训练集和测试集的图像数量
X_train_image.shape, X_test_image.shape
```

运行结果如下。由此可知，训练集和测试集分别有 60 000 幅和 10 000 幅 28 像素×28 像素的图像。

```
((60000, 28, 28), (10000, 28, 28))
```

2．查看数据集中的图像和标签

通过数据可视化可以直观地了解图像和标签之间的关系。我们使用 show_image 函数查看训练集中第 5 个数据的图像和标签，具体代码如下，得到的结果如图 5-2 所示。可以看出，图像中的数字和标签（Label）均为 9。

```
# 查看图像及其标签
def show_image(images, labels, idx):
    fig = plt.gcf()
    plt.imshow(images[idx], cmap = 'binary')
    plt.xlabel('label:'+str(labels[idx]), fontsize = 15)
plt.show()
show_image(X_train_image, y_train_label, 4)
```

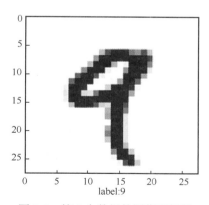

图 5-2　第 5 个数据的图像和标签

上面代码只能查看单幅图像。为了查看数据集中更多的图像及其标签，我们定义了另一个函数 show_images_set，具体代码如下。

```
# 查看多幅图像及其标签
def show_images_set(images, labels, prediction, idx, num = 10):
    fig = plt.gcf()
    fig.set_size_inches(12, 14)
    for i in range(0, num):
        ax = plt.subplot(4, 5, 1+i)
        ax.imshow(images[idx], cmap = 'binary')
        title = "label:" + str(labels[idx])
        if len(prediction)>0:
            title += ",predict = "+str(prediction[idx])
        ax.set_title(title, fontsize = 12)
        ax.set_xticks([])
        ax.set_yticks([])
        idx += 1
    plt.show()
```

在 show_images_set 函数中，prediction 参数表示传入预测结果数据集，本例中暂时设置为空；idx 表示从第几个数据开始遍历；num 表示数据的显示数量，默认为 10 个。show_images_set 函数的格式如下。

```
show_images_set(images = X_train_image, labels = y_train_label, prediction = [], idx = 0)
```

MNIST 数据集中的样本数据（部分）如图 5-3 所示。

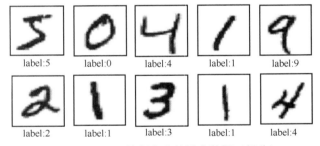

图 5-3　MNIST 数据集中的样本数据（部分）

我们调用 show_images_set 函数，查看本次测试集的数据，具体代码如下。

```
show_images_set(images = X_test_image, labels = y_test_label, prediction = [], idx = 0)
X_Train[4]
```

上面代码运行的结果如图 5-4 所示。

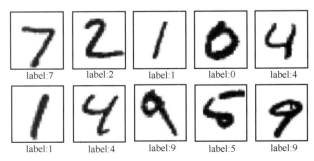

图 5-4　本次测试集中的数据

3．数据归一化处理

数据归一化将 MNIST 数据集中的图像由维度为 28×28 的二维向量转换成一维向量，并将数据类型转换为浮点型 float32，具体代码如下。

```
X_Train = X_train_image.reshape(60000, 28 * 28).astype('float32')
X_Test = X_test_image.reshape(10000, 28 * 28).astype('float32')
```

我们以第 5 个数据为例，查看转换后的数据，具体代码如下。

```
X_Train[4]
```

上面代码的运行结果如下。

```
array([  0.,   0.,   0.,   0.,   0.,   0.,   0.,   0.,   0.,   0.,   0.,
         0.,   0.,   0.,   0.,   0.,   0.,   0.,   0.,   0.,   0.,   0.,
         0.,   0.,   0.,   0.,   0.,   0.,   0.,   0.,   0.,   0.,   0.,
         0.,   0.,   0.,   0.,   0.,   0.,   0.,   0.,   0.,   0.,   0.,
         0.,   0.,   0.,   0.,   0.,   0.,   0.,   0.,   0.,   0.,   0.,
         0.,   0.,   0.,   0.,   0.,   0.,   0.,   0.,   0.,   0.,   0.,
         0.,   0.,   0.,   0.,   0.,   0.,   0.,   0.,   0.,   0.,   0.,
         0.,   0.,   0.,   0.,   0.,   0.,   0.,   0.,   0.,   0.,   0.,
         0.,   0.,   0.,   0.,   0.,   0.,   0.,   0.,   0.,   0.,   0.,
         0.,   0.,   0.,   0.,   0.,   0.,   0.,   0.,   0.,   0.,   0.,
         0.,   0.,   0.,   0.,   0.,   0.,   0.,   0.,   0.,   0.,   0.,
         0.,   0.,   0.,   0.,   0.,   0.,   0.,   0.,   0.,   0.,  55.,
       148., 210., 253., 253., 113.,  87., 148.,  55.,   0.,   0.,   0.,
         0.,   0.,   0.,   0.,  87., 232., 252., 253., 189., 210., 252.,
       252., 253., 168.,   0.,   0.,   0.,   0.,   0.,   0.,   4.,  57., 242.,
       252., 190.,  65.,   5.,  12., 182., 252., 253., 116.,   0.,   0.,
         0.,   0.,   0.,  96., 252., 252., 183.,  14.,   0.,   0.,  92.,
       252., 252., 225.,  21.,   0.,   0.,   0.,   0., 132., 253., 252.,
       146.,  14.,   0.,   0., 215., 252., 252.,  79.,   0.,   0.,
         0.,   0., 126., 253., 247., 176.,   9.,   0.,   0.,   8.,  78.,
       245., 253., 129.,   0.,   0.,  16., 232., 252., 176.,
         0.,   0.,   0.,  36., 201., 252., 252., 169.,  11.,   0.,   0.,
         0.,   0.,  22., 252., 252.,  30.,  22., 119., 197., 241., 253.,
       252., 251.,  77.,   0.,   0.,   0.,  16., 231., 252.,
       253., 252., 252., 252., 226., 227., 252., 231.,   0.,   0.,
         0.,   0.,   0.,  55., 235., 253., 217., 138.,  42.,  24.,
       192., 252., 143.,   0.,   0.,   0.,   0.,   0.,   0.,
         0.,   0.,   0.,   0.,  62., 255., 253., 109.,   0.,   0.,
        71., 253., 252.,  21.,   0.,   0.,   0.,   0.,   0.,
         0.,   0.,   0.,   0., 253., 252.,  21.,   0.,
         0.,  71., 253., 252.,  21.,   0.,   0.,   0.,
         0.,   0.,   0.,   0.,   0., 106., 253., 252.,  21.,
```

```
            0.,    0.,    0.,    0.,    0.,    0.,    0.,    0.,    0.,    0.,    0.,
            0.,    0.,    0.,    0.,    0.,    0.,    0.,    0.,    0.,    0.,    0.,
            0.,    0.,   45.,  255.,  253.,   21.,    0.,    0.,    0.,    0.,    0.,
            0.,    0.,    0.,    0.,    0.,    0.,    0.,    0.,    0.,  218.,  252.,
           56.,    0.,    0.,    0.,    0.,    0.,    0.,    0.,    0.,    0.,    0.,
            0.,    0.,    0.,    0.,   96.,  252.,  189.,   42.,    0.,    0.,    0.,
            0.,    0.,    0.,    0.,    0.,    0.,    0.,    0.,    0.,    0.,   14.,
          184.,  252.,  170.,   11.,    0.,    0.,    0.,    0.,    0.,    0.,    0.,
            0.,    0.,    0.,    0.,    0.,    0.,   14.,  147.,  252.,   42.,    0.,
            0.,    0.,    0.,    0.,    0.,    0.,    0.,    0.,    0.,    0.,    0.,
            0.,    0.,    0.], dtype=float32)
```

可以看出得到的结果是数组，元素值均在 0～255 之间，其中，每个值表示灰度值，为 0 表示白色；为 255 表示黑色；其余值表示不同程度的灰色。二维数组中最小值是 0，最大值是 252，这些值的跨度较大，并不便于训练。为了提高模型的训练精度，我们对数组进行归一化处理，即将位于 0～255 之间的元素值映射到 0～1 之间，具体代码如下。

```
X_Train_normalize = X_Train /255
X_Test_normalize = X_Test / 255
```

接下来我们查看归一化后的数据，具体代码如下。

```
X_Train_normalize[4]
```

上面代码的结果如下。

```
array([0.        , 0.        , 0.        , 0.        , 0.        ,
       0.        , 0.        , 0.        , 0.        , 0.        ,
       0.        , 0.        , 0.        , 0.        , 0.        ,
       0.        , 0.        , 0.        , 0.        , 0.        ,
       0.        , 0.        , 0.        , 0.        , 0.        ,
       0.        , 0.        , 0.        , 0.        , 0.        ,
       0.        , 0.        , 0.        , 0.        , 0.        ,
       0.        , 0.        , 0.        , 0.        , 0.        ,
       0.        , 0.        , 0.        , 0.        , 0.        ,
       0.        , 0.        , 0.        , 0.        , 0.        ,
       0.        , 0.        , 0.        , 0.        , 0.        ,
       0.        , 0.        , 0.        , 0.        , 0.        ,
       0.        , 0.        , 0.        , 0.        , 0.        ,
       0.        , 0.        , 0.        , 0.        , 0.        ,
       0.        , 0.        , 0.        , 0.        , 0.        ,
       0.        , 0.        , 0.        , 0.        , 0.        ,
       0.        , 0.        , 0.        , 0.        , 0.        ,
       0.        , 0.        , 0.        , 0.        , 0.        ,
       0.        , 0.        , 0.        , 0.        , 0.        ,
       0.        , 0.        , 0.        , 0.        , 0.        ,
       0.        , 0.        , 0.        , 0.        , 0.        ,
       0.        , 0.        , 0.        , 0.        , 0.        ,
       0.        , 0.        , 0.        , 0.        , 0.        ,
       0.        , 0.        , 0.        , 0.        , 0.        ,
       0.        , 0.        , 0.        , 0.        , 0.        ,
       0.        , 0.        , 0.        , 0.        , 0.        ,
       0.        , 0.        , 0.        , 0.        , 0.        ,
       0.        , 0.        , 0.        , 0.        , 0.        ,
       0.        , 0.        , 0.        , 0.        , 0.        ,
       0.        , 0.        , 0.        , 0.        , 0.        ,
       0.        , 0.        , 0.        , 0.        , 0.        ,
       0.        , 0.        , 0.        , 0.        , 0.        ,
       0.        , 0.        , 0.        , 0.        , 0.        ,
       0.        , 0.        , 0.        , 0.        , 0.        ,
       0.        , 0.        , 0.        , 0.        , 0.        ,
       0.        , 0.        , 0.        , 0.        , 0.        ,
```

```
0.         , 0.         , 0.         , 0.21568628, 0.5803922 ,
0.8235294 , 0.99215686, 0.99215686, 0.44313726, 0.34117648,
0.5803922 , 0.21568628, 0.         , 0.         , 0.         ,
0.         , 0.         , 0.         , 0.         , 0.         ,
0.         , 0.         , 0.         , 0.         , 0.         ,
0.34117648, 0.9098039 , 0.9882353 , 0.99215686, 0.7411765 ,
0.8235294 , 0.9882353 , 0.9882353 , 0.99215686, 0.65882355,
0.         , 0.         , 0.         , 0.         , 0.         ,
0.         , 0.01568628, 0.22352941, 0.9490196 , 0.9882353 ,
0.74509805, 0.25490198, 0.01960784, 0.04705882, 0.7137255 ,
0.9882353 , 0.99215686, 0.45490196, 0.         , 0.         ,
0.         , 0.         , 0.         , 0.         , 0.         ,
0.9882353 , 0.9882353 , 0.7176471 , 0.05490196, 0.3764706 ,
0.         , 0.36078432, 0.9882353 , 0.9882353 , 0.88235295,
0.08235294, 0.         , 0.         , 0.         , 0.         ,
0.         , 0.5176471 , 0.99215686, 0.9882353 , 0.57254905,
0.05490196, 0.         , 0.         , 0.         , 0.84313726,
0.9882353 , 0.9882353 , 0.30980393, 0.         , 0.         ,
0.         , 0.         , 0.         , 0.49411765, 0.99215686,
0.96862745, 0.6901961 , 0.03529412, 0.         , 0.         ,
0.03137255, 0.30588236, 0.9607843 , 0.99215686, 0.5058824 ,
0.0627451 , 0.9098039 , 0.9882353 , 0.6901961 , 0.         ,
0.         , 0.         , 0.14117648, 0.7882353 , 0.9882353 ,
0.9882353 , 0.6627451 , 0.04313726, 0.         , 0.         ,
0.         , 0.         , 0.         , 0.08627451, 0.9882353 ,
0.9882353 , 0.11764706, 0.08627451, 0.46666667, 0.77254903,
0.94509804, 0.99215686, 0.9882353 , 0.9843137 , 0.3019608 ,
0.         , 0.         , 0.         , 0.         , 0.         ,
0.         , 0.0627451 , 0.90588236, 0.9882353 , 0.99215686,
0.9882353 , 0.9882353 , 0.9882353 , 0.8862745 , 0.8901961 ,
0.9882353 , 0.90588236, 0.         , 0.         , 0.         ,
0.21568628, 0.92156863, 0.99215686, 0.8509804 , 0.5411765 ,
0.16470589, 0.09411765, 0.7529412 , 0.9882353 , 0.56078434,
0.         , 0.         , 0.         , 0.         , 0.         ,
0.         , 0.         , 0.         , 0.         , 0.24313726,
1.         , 0.99215686, 0.42745098, 0.         , 0.         ,
0.         , 0.         , 0.         , 0.         , 0.         ,
0.         , 0.         , 0.2784314 , 0.99215686, 0.9882353 ,
0.08235294, 0.         , 0.         , 0.         , 0.         ,
0.         , 0.         , 0.         , 0.         , 0.         ,
0.         , 0.99215686, 0.9882353 , 0.08235294, 0.         ,
0.         , 0.         , 0.         , 0.         , 0.         ,
0.         , 0.         , 0.         , 0.2784314 , 0.99215686,
0.9882353 , 0.08235294, 0.         , 0.         , 0.         ,
0.         , 0.         , 0.         , 0.         , 0.         ,
0.         , 0.41568628, 0.99215686, 0.9882353 , 0.08235294,
0.         , 0.         , 0.         , 0.         , 0.         ,
0.         , 0.         , 0.         , 0.         , 0.1764706 ,
1.         , 0.99215686, 0.08235294, 0.         , 0.         ,
0.         , 0.         , 0.         , 0.85490197, 0.9882353 ,
0.21960784, 0.         , 0.         , 0.         , 0.         ,
0.         , 0.         , 0.         , 0.         , 0.         ,
0.         , 0.3764706 , 0.9882353 , 0.7411765 , 0.16470589,
0.         , 0.         , 0.         , 0.         , 0.         ,
0.         , 0.         , 0.         , 0.         , 0.05490196,
0.72156864, 0.9882353 , 0.6666667 , 0.04313726, 0.         ,
0.         , 0.         , 0.         , 0.         , 0.         ,
0.         , 0.         , 0.         , 0.05490196, 0.5764706 ,
0.9882353 , 0.16470589, 0.         , 0.         , 0.         ,
0.         , 0.         , 0.         , 0.         , 0.         ,
0.         , 0.         , 0.         , 0.         , 0.         ,
0.         , 0.         , 0.         , 0.         ,
                               ], dtype=float32)
```

4．转换标签数据为 one-hot 编码形式

使用 one-hot 编码对标签字段进行处理，这样数字 0~9 将被转换为由 9 个 0 和 1 个 1 组成的数组，对应输出层的 10 个结果。例如，数字 0 进行 one-hot 编码后为[1, 0, 0, 0, 0, 0, 0, 0, 0, 0]。下面我们以数组[5,0,4]为例，展示 one-hot 编码过程，具体代码如下。

```
y_TrainOneHot = np_utils.to_categorical(y_train_label)
y_TestOneHot = np_utils.to_categorical(y_test_label)
# 提取转换后数据集中的标签数据，进行比对
y_train_label[:3]
array([5, 0, 4], dtype = uint8)
y_TrainOneHot[:3]
```

上面代码的运行结果如下。

```
array([[0., 0., 0., 0., 0., 1., 0., 0., 0., 0.],
       [1., 0., 0., 0., 0., 0., 0., 0., 0., 0.],
       [0., 0., 0., 0., 1., 0., 0., 0., 0., 0.]], dtype = float32)
```

由运行结果可知，标签数据 5 经过转换后变成了 0000010000，标签数据 0 经过转换后变成了 1000000000，标签数据 4 经过转换后变成了 0000100000。

5.3 搭建并训练多层感知机

我们在本节搭建一个最简单的神经网络模型——多层感知机，并进行训练。

5.3.1 搭建模型

多层感知机仅有输入层和输出层，输入层的参数是维度为 28×28 的数组；输出层的参数为 10，分别对应数字 0～9。搭建模型的具体代码如下。

```
from keras.models import Sequential
from keras.layers import Dense, Dropout, Flatten, Conv2D, MaxPooling2D, Activation
Using TensorFlow backend.
# 设置模型参数
CLASSES_NB = 10
INPUT_SHAPE = 28 * 28
# 建立顺序模型
model = Sequential()
# 添加一个 Dense 层，模型以尺寸为(28, 28) 的数组作为输入
model.add(Dense(units = CLASSES_NB,input_dim = INPUT_SHAPE,))
# 定义输出层，使用 softmax 函数将 0～9 这 10 个数字的结果通过概率的形式进行激活转换
model.add(Activation('softmax'))
```

搭建好模型后，我们使用 summary()函数查看模型的摘要，具体代码如下。

```
model.summary()
```

得到的结果如下。

```
Layer (type)                    Output Shape              Param #
=================================================================
dense_1 (Dense)                 (None, 10)                7850
_____
activation_1 (Activation)       (None, 10)                0
=================================================================
Total params: 7,850
Trainable params: 7,850
Non-trainable params: 0
```

多层感知机的结构如图 5-5 所示。

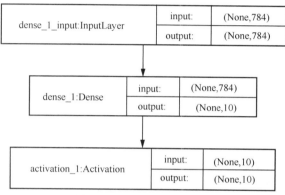

图 5-5　多层感知机的结构

5.3.2　训练模型

模型已经构建完成，我们可以使用反向传播算法进行模型训练。Keras 的训练需要使用 compile 方法设置模型的训练参数，需要设置的参数有以下几个，具体代码如下。

- 损失函数（Loss）：使用交叉熵损失函数 categorical_crossentropy。
- 优化器（Optimizer）：使用 adam 优化器和梯度下降算法进行优化，以加快模型的收敛速度。
- 评估指标（Metrics）：设置为准确率（Accuracy）。

```
# 设置训练参数
model.compile(loss = 'categorical_crossentropy', optimizer = 'adam', metrics =
['accuracy'])
```

至此，训练参数便设置好了。在开始训练之前，我们还需要配置训练过程中的一些参数，具体代码如下。

```
# 划分验证集
VALIDATION_SPLIT = 0.2
# 设置训练周期
EPOCH = 10
# 单次数据量
```

```
BATCH_SIZE = 128
# 训练日志打印形式
VERBOSE = 2
```

上面代码中参数的含义如下。

- VALIDATION_SPLIT：表示验证集划分比例，值为 0.2 表示 20%的数据用于验证，80%的数据用于训练。
- EPOCH：表示训练周期，每个周期要完成所有训练样本的正向传递和反向传递。
- BATCH_SIZE：表示单次数据量，即一次训练所选取的样本数。
- VERBOSE：表示日志显示，即日志的打印形式。该参数有 3 个值可选，分别是 0、1 和 2。当 VERBOSE=0 时，表示不输出日志信息；当 VERBOSE=1 时，表示输出带进度条的日志信息；当 VERBOSE=2 时，表示为每个周期输出一行记录，这时的输出信息和 VERBOSE=1 时输出信息之间的区别就是前者没有进度条。

下面，我们开始训练模型，具体代码如下。

```
# 传入数据，开始训练
# VERBOSE 为显示打印的训练过程
train_history = model.fit(
        x = X_Train_normalize,
        y = y_TrainOneHot,
        epochs = EPOCH,
        batch_size = BATCH_SIZE,
        verbose = VERBOSE,
        validation_split = VALIDATION_SPLIT)
```

上面代码的运行结果如下。

```
WARNING:tensorflow:From/opt/conda3/lib/python3.6/site-packages/tensorflow/pytho
n/ops/math_ops.py:3066: to_int32 (from tensorflow.python.ops.math_ops) is deprecated
and will be removed in a future version.
Instructions for updating:
Use tf.cast instead.
Train on 48000 samples, validate on 12000 samples
Epoch 1/10
 - 1s - loss: 0.7762 - acc: 0.8076 - val_loss: 0.4124 - val_acc: 0.8963
Epoch 2/10
 - 1s - loss: 0.3929 - acc: 0.8955 - val_loss: 0.3348 - val_acc: 0.9091
Epoch 3/10
 - 0s - loss: 0.3402 - acc: 0.9076 - val_loss: 0.3087 - val_acc: 0.9167
Epoch 4/10
 - 0s - loss: 0.3154 - acc: 0.9132 - val_loss: 0.2947 - val_acc: 0.9207
Epoch 5/10
 - 1s - loss: 0.3014 - acc: 0.9160 - val_loss: 0.2847 - val_acc: 0.9212
Epoch 6/10
 - 1s - loss: 0.2913 - acc: 0.9191 - val_loss: 0.2803 - val_acc: 0.9212
Epoch 7/10
 - 1s - loss: 0.2841 - acc: 0.9205 - val_loss: 0.2742 - val_acc: 0.9249
Epoch 8/10
 - 1s - loss: 0.2784 - acc: 0.9222 - val_loss: 0.2714 - val_acc: 0.9255
Epoch 9/10
```

```
- 1s - loss: 0.2738 - acc: 0.9231 - val_loss: 0.2688 - val_acc: 0.9255
Epoch 10/10
- 1s - loss: 0.2702 - acc: 0.9249 - val_loss: 0.2660 - val_acc: 0.9278
```

上述结果中参数的含义如下。loss 表示训练集损失值，取值范围为 0~1，值越小，说明训练效果越好。acc 表示训练集准确率，取值范围为 0~1，值越高，说明训练效果越好。val_loss 表示测试集损失值，取值范围为 0~1，值越小，说明训练效果越好。val_acc 表示测试集准确率，取值范围为 0~1，值越高，说明训练效果越好。

从上面打印的日志可以发现，在训练中随着训练周期（epochs）的增加，损失值（loss）逐渐降低，准确率（accuracy）越来越高。

为了更直观地呈现训练结果，我们将训练过程中的数据进行可视化显示，以图表的方式呈现。我们定义一个函数 show_train_history，实现训练过程的数据可视化，具体代码如下。

```
def show_train_history(train_history, train, validation):
    plt.plot(train_history.history[train])
    plt.plot(train_history.history[validation])
    plt.title('Train history')
    plt.ylabel(train)
    plt.xlabel('Epoch')
    plt.legend(['train', 'validation',], loc = 'upper left')
    plt.show()
```

接下来我们传入训练结果，调用 show_train_history 函数绘制训练过程中的准确率曲线，具体代码如下，得到的结果如图 5-6 所示。

```
show_train_history(train_history, 'acc', 'val_acc')
```

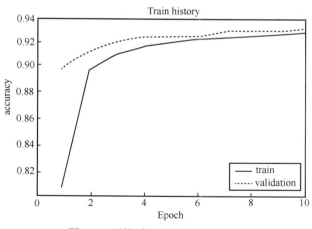

图 5-6　训练过程中的准确率曲线

注：Train history，训练历史；Epoch，迭代周期，单位为次；train 表示训练集；validation 表示验证集。余同。

从图 5-6 可以看出，准确率在每一个训练周期中都在不断地提升。我们继续调用 show_train_history 函数，绘制训练过程中的损失值曲线。具体代码如下，得到的训练过程中的损失值（loss）曲线如图 5-7 所示。

```
show_train_history(train_history, 'loss', 'val_loss')
```

由图 5-7 可以看出，损失值（loss）在每一个训练周期中都在不断地降低。通过前面打印的日志可以发现，该模型的准确率为 0.924 9。在下一节，我们对模型进行改进，将添加隐藏层到模型中，以提高模型的准确率。

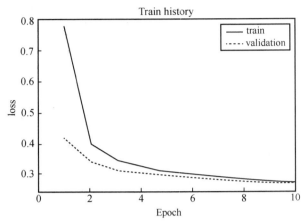

图 5-7　训练过程中的损失值曲线

5.4　改进模型

我们在 5.3 节模型的基础上，增加隐藏层，逐步建立带隐藏层的多层感知机。

5.4.1　搭建模型

在带隐藏层的多层感知机中，输入层的神经元个数为 784（即 28×28），隐藏层神经元个数为 256；输出层有 10 层，分别对应 0～9 这 10 个数字，因此，我们进行如下定义：CLASSES_NB 表示输出层层数，INPUT_SHAPE 表示输入数据形状，UNITS 表示隐藏层神经元个数。具体代码如下。

```
CLASSES_NB = 10
INPUT_SHAPE = 28 * 28
UNITS = 256
```

接下来我们重新搭建模型，在现有模型中添加一个隐藏层，增加模型的深度和宽度。具体代码如下。

```
# 建立顺序模型
model = Sequential()
# 添加一个 Dense 层，Dense 层的特点是连接上下层网络，该 Dense 层包含输入层和隐藏层
model.add(Dense(units = UNITS,
                input_dim = INPUT_SHAPE,
                kernel_initializer = 'normal',
                activation = 'relu'))
# 定义输出层，使用 softmax 函数将 0～9 这 10 个数字的结果通过概率的形式进行激活转换
```

```
model.add(Dense(CLASSES_NB, activation = 'softmax'))
# 搭建完成后输出模型摘要
model.summary()
```

上面代码的运行结果如下。

```
Layer (type)               Output Shape              Param #
=================================================================
dense_1 (Dense)            (None, 256)               200960
_____
dense_2 (Dense)            (None, 10)                2570
=================================================================
Total params: 203,530
Trainable params: 203,530
Non-trainable params: 0
```

由运行结果可以看出，隐藏层共有 256 个神经元；输出层共有 10 个神经元；dense_1 参数共有 200 960 个（即 784×256+256=200 960）；dense_2 参数共有 2 570 个（即 256×10+10 = 2 570）；训练的总参数共有 203 530 个（即 200 960+2 570 = 203 530）。

5.4.2 训练模型

搭建模型后，接下来我们使用反向传播算法进行模型训练。Keras 训练模型需要给 compile 设置训练参数，具体代码如下。

```
# 验证集划分比例
VALIDATION_SPLIT = 0.2
# 训练周期提高到 15 个
EPOCH = 15
# 单批次数据量增加到 300 个
BATCH_SIZE = 300
# 训练日志打印形式
VERBOSE = 2
# 设置训练参数
model.compile(loss = 'categorical_crossentropy', optimizer = 'adam', metrics =
['accuracy'])
# 将训练的轮数和批次进行适当增加，传入数据，开始训练
# verbose 参数表示显示打印的训练过程
train_history = model.fit(
        x = X_Train_normalize,
        y = y_TrainOneHot,
        epochs=EPOCH,
        batch_size = BATCH_SIZE,
        verbose = VERBOSE,
        validation_split = VALIDATION_SPLIT)
```

上面代码的执行结果如下。

```
Train on 48000 samples, validate on 12000 samples
Epoch 1/15
 - 2s - loss: 0.4466 - acc: 0.8794 - val_loss: 0.2219 - val_acc: 0.9395
Epoch 2/15
 - 1s - loss: 0.1926 - acc: 0.9462 - val_loss: 0.1618 - val_acc: 0.9553
```

```
Epoch 3/15
 - 1s - loss: 0.1383 - acc: 0.9612 - val_loss: 0.1339 - val_acc: 0.9625
Epoch 4/15
 - 1s - loss: 0.1092 - acc: 0.9700 - val_loss: 0.1181 - val_acc: 0.9664
Epoch 5/15
 - 1s - loss: 0.0878 - acc: 0.9756 - val_loss: 0.1065 - val_acc: 0.9684
Epoch 6/15
 - 1s - loss: 0.0730 - acc: 0.9793 - val_loss: 0.0961 - val_acc: 0.9716
Epoch 7/15
 - 1s - loss: 0.0614 - acc: 0.9829 - val_loss: 0.0928 - val_acc: 0.9718
Epoch 8/15
 - 1s - loss: 0.0525 - acc: 0.9860 - val_loss: 0.0895 - val_acc: 0.9739
Epoch 9/15
 - 1s - loss: 0.0439 - acc: 0.9885 - val_loss: 0.0861 - val_acc: 0.9744
Epoch 10/15
 - 1s - loss: 0.0378 - acc: 0.9906 - val_loss: 0.0837 - val_acc: 0.9755
Epoch 11/15
 - 1s - loss: 0.0326 - acc: 0.9921 - val_loss: 0.0816 - val_acc: 0.9749
Epoch 12/15
 - 1s - loss: 0.0275 - acc: 0.9934 - val_loss: 0.0789 - val_acc: 0.9765
Epoch 13/15
 - 1s - loss: 0.0233 - acc: 0.9951 - val_loss: 0.0809 - val_acc: 0.9754
Epoch 14/15
 - 1s - loss: 0.0198 - acc: 0.9963 - val_loss: 0.0800 - val_acc: 0.9758
Epoch 15/15
 - 1s - loss: 0.0174 - acc: 0.9967 - val_loss: 0.0793 - val_acc: 0.9759
```

从打印的日志可以看出，相比于只有输入层和输出层的模型，在增加了隐藏层之后，模型的准确率提升了，损失值降低了。为了更直观地显示这种改进，我们再次采用已定义的 show_train_history 函数，分别绘制准确率、损失值曲线。具体代码如下，得的曲线分别如图 5-8 和图 5-9 所示。

```
show_train_history (train_history, 'acc', 'val_acc')
show_train_history (train_history, 'loss', 'val__loss')
```

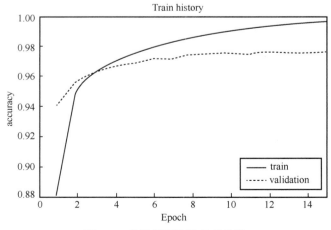

图 5-8　改进模型的准确率曲线

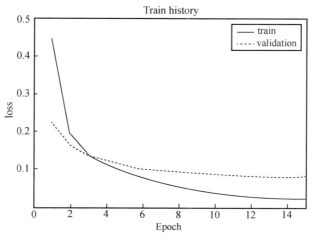

图 5-9　改进模型的损失值曲线

由图 5-8 可得，训练数准确率（acc）随着训练次数的增加而不断提升，但验证集准确率（val_acc）在训练后期低于训练集准确率。从图 5-9 可得，训练集损失值（loss），随着训练次数的增加不断降低，但验证集损失值（val_loss）在训练后期却高于训练集损失值。

在训练后期阶段，为什么验证集准确率会低于训练集准确率？为什么验证集损失值会高于训练集损失值？这些问题的答案和过拟合相关，我们会在后面的内容中进行详细介绍。

5.5　评估训练结果

我们首先使用测试集评估模型的准确率，然后查看哪些预测结果有问题，最后建立混淆矩阵来分析原因。

5.5.1　评估模型准确率

模型评估需要使用测试集，测试集在前面已经被加载，共有 10 000 幅图像。测试集中的数据不参与模型训练，而是用于评估训练完后模型的准确率。

评估模型需要使用 evaluate 函数，该函数的传入参数是测试集中的图像和标签，具体代码如下所示。另外，我们还需要定义一个变量 scores，用于存储所有的评估结果。

```
scores = model.evaluate(X_Test_normalize, y_TestOneHot)
10000/10000 [==============================] - 0s 24us/step
print('loss: ', scores[0])
print('accuracy: ', scores[1])
```

上面代码的运行结果如下，得到的模型的损失值和准确率如下。

```
loss: 0.070918190152477747
```

```
accuracy: 0.9782
```

可以看到，引入隐藏层后，模型预测的准确率达到了 0.978 2。

5.5.2　使用模型进行预测

我们将测试集传入模型，分别使用 predict 和 predict_classes 这两个函数进行预测，具体代码如下。

```
result = model.predict(X_Test)
result_class = model.predict_classes(X_Test)
```

首先，我们通过下面的代码输出待预测的第 5 个数据的真实结果，得到的结果如图 5-10 所示。

```
# 使用已定义的显示图像的函数。数据从 0 开始编号
show_image(X_test_image, y_test_label, 6)
```

由图 5-10 可知，第 5 个数据中的数字和标签均为 4。

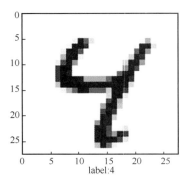

图 5-10　第 5 个数据的真实结果

然后，我们通过下面的代码输出 predict 函数的预测结果。

```
result[6]
```

得到的预测结果如下。

```
array([0., 0., 0., 0., 1., 0., 0., 0., 0., 0.], dtype = float32)
```

可以看出，predict 函数输出的是一个向量，即标签进行处理后的 one-hot 编码形式。

最后，我们通过下面的代码输出 predict_classes 函数的预测结果。

```
result_class[6]
```

得到的预测结果如下。

```
4
```

可以看出，predict_classes 函数直接输出标签 4，表示预测结果是第 5 个分类，因此，为了便于查看预测结果，我们采用 predict_classes 函数输出预测结果，并利用已定义的 show_images_set 函数，查看多项数据的预测结果和真实结果。我们从第 248 项开始，提取后面 10 个数据进行查看，具体代码如下。得到的结果如图 5-11 所示。

```
# 之前查看数据时第 3 个参数为空，现在有预测数据，传入后进行直观对比
show_images_set(X_test_image, y_test_label, result_class, idx=247)
```

可以看出，图 5-11 中的第 1 个数据存在预测错误，真实值（label）是 4，模型预测值（predict）是 6。

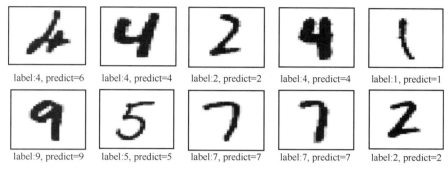

图 5-11　数据集中的样本

5.5.3　建立混淆矩阵

在上一小节中我们知道，模型会有预测错误的情况。那么哪些手写字容易被识别错误？哪些数字会存在比较大的识别误差？这时可以通过建立混淆矩阵进行查看。我们借助 pandas 库自带的 crosstab 函数建立混淆矩阵，该函数的输入数据是测试集的标签和预测结果的标签。具体代码如下。

```
# 使用 pandas 库
import pandas as pd
pd.crosstab(y_test_label, result_class, rownames = ['label'], colnames = ['predict'])
```

输出的混淆矩阵如图 5-12 所示。

label	predict									
	0	1	2	3	4	5	6	7	8	9
0	970	0	1	1	1	2	2	1	2	0
1	0	1126	4	0	0	1	2	0	2	0
2	2	2	1016	0	1	0	2	5	4	0
3	0	0	5	988	0	4	0	3	6	4
4	2	0	1	1	958	0	5	3	1	11
5	2	0	0	7	1	869	7	1	4	1
6	4	3	2	1	2	3	941	0	2	0
7	1	4	10	3	0	0	0	1005	1	4
8	4	0	3	5	3	4	2	3	946	4
9	2	4	0	5	9	2	1	9	3	974

图 5-12　混淆矩阵

由混淆矩阵可以看出，4 和 9 较容易发生混淆，其中 4 被识别为 9 的次数为 9，9 被识别为 4 的次数为 11。此外，3 和 5 也容易发生混淆，被混淆识别的次数分别是 7 次和 4 次。

接下来，我们来分析哪些数据容易发生混淆。我们利用 pandas 库，创建 DataFrame 函数来查看混淆数据的详细信息，具体代码如下。

```
# 创建 DataFrame 函数
dic = {'label':y_test_label, 'predict' :result_class}
df = pd.DataFrame(dic)
```

下面我们查看所有预测结果及数据项的真实值，具体代码如下。

```
# T 是将矩阵转置，方便查看数据
df.T
```

得到的输出结果如下，其中，label 表示真实值，predict 表示预测结果。

结果	0	1	2	3	4	5	……	9990	9991	9992	9993	9994	9995	……
label	7	2	1	0	4	1	……	7	8	9	0	1	2	……
predict	7	2	1	0	4	1	……	7	8	9	0	1	2	……

我们只查看混淆了 3 和 5 的数据项，具体代码如下。

```
df[(df.label == 5)&(df.predict == 3)].T
```

得到的输出结果如下。

结果	340	1003	1393	1670	2035	2597	2810	4360	5937	5972	5982	9422
label	5	5	5	5	5	5	5	5	5	5	5	5
predict	3	3	3	3	3	3	3	3	3	3	3	3

我们通过下面代码查看图像下标为 1670 的数据，得到的输出结果如图 5-13 所示。

```
show_image(X_test_image, y_test_label, 1670)
```

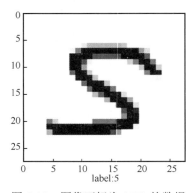

图 5-13　图像下标为 1670 的数据

由图 5-12 可知，虽然图像下标为 1670 的数据的真实值为 5，但写得不像 5，被模型预测为 3。

5.6　本章小结

本章采用 Keras 搭建了多层感知机，识别 MNIST 数据集。经评估，该模型效果较好，准确率达到 97.82%（0.978 2），但依然存在过拟合的情况。

学完本章，读者需要掌握如下知识点。

（1）要将读取的数据划分为训练集和测试集，并将图像数据转换成一维数组形式。

（2）了解的神经网络几个重要参数：损失函数、优化器、训练周期、单批次数据量等。

（3）评估训练结果是重要的环节，如果评估结果不理想，那么需要修改参数，并再训练模型，直到评估结果达到要求为止。

第 **6** 章

优化多层感知机

良好的泛化能力是训练模型的目标，然而并不是训练的迭代次数越多，模型泛化能力就越好。迭代次数达到一定数后，泛化能力将不再提高，验证指标也开始变差，这时模型就开始过拟合。本章在多层感知机的基础上，通过添加 Dropout 机制提升模型的准确率，以解决模型过拟合问题。

学习目标

- 掌握优化多层感知机的方法。
- 掌握解决过拟合问题的方法。
- 掌握模型的保存方法。

6.1 构建项目

我们再次使用上一章搭建多层感知机的环境和部分代码，首先创建文件夹，具体代码如下。

```
ubuntu@localhost: ~/Code$ mkdir MultilayerPerceptron
```

创建成功后，进入 MultilayerPerceptron 文件，打开 Jupyter Notebook，创建 ipynb 文件，具体代码如下。

```
cd MultilayerPerceptron
jupyter notebook
```

6.2 搭建带有隐藏层的模型

为了使读者更清楚地明白模型的构建过程，我们继续使用第 5 章中搭建多层感知机的代码，并将它们进行汇总，具体如下。

```
# 导包
import numpy as np
from keras.utils import np_utils
from keras.datasets import mnist
import pandas as pd
import matplotlib.pyplot as plt
from keras.models import Sequential
from keras.layers import Dense,Dropout,Flatten,Conv2D,MaxPooling2D,
Activation
# 加载数据集
(X_train_image,y_train_label),(X_test_image,y_test_label) = mnist.load_data()
# 将图像转换成向量
X_Train = X_train_image.reshape(60000, 28 * 28).astype('float32')
X_Test = X_test_image.reshape(10000, 28 * 28).astype('float32')
# 图像归一化处理
X_Train_normalize = X_Train / 255
X_Test_normalize = X_Test / 255
# 将标签转换为one_hot编码形式
y_TrainOneHot = np_utils.to_categorical(y_train_label)
y_TestOneHot = np_utils.to_categorical(y_test_label)
# 设置模型参数和训练参数
# 分类的类别数
CLASSES_NB = 10
# 输入层数量
INPUT_SHAPE = 28 * 28
# 隐藏层数量
UNITS = 256
# 验证集划分比例
VALIDATION_SPLIT = 0.2
```

```
# 训练周期，这边设置 10 个周期即可
EPOCH = 10
# 单批次数据量
BATCH_SIZE = 300
# 训练日志打印形式
VERBOSE = 2
# 建立顺序模型
model = Sequential()
# 添加一个 Dense，Dense 的特点是均连接上下层的网络
# 该 Dense 层包含输入层和隐藏层
model.add(Dense(units = UNITS,
                input_dim = INPUT_SHAPE,
                kernel_initializer = 'normal',
                activation = 'relu'))
# 定义输出层，使用 softmax 函数将 0～9 这 10 个数字的结果通过概率的形式进行激活转换
model.add(Dense(CLASSES_NB, activation = 'softmax'))
# 搭建完成后输出模型摘要
model.summary()
```

上面代码的执行结果如下。

```
Layer (type)                    Output Shape         Param #
=================================================================
dense_1 (Dense)                 (None, 10)           7850
_____
activation_1 (Activation)       (None, 10)           110
=================================================================
Total params: 7,960
Trainable params: 7,960
Non-trainable params: 0
_____
```

至此，模型已经搭建成功，接下来对模型进行训练。具体代码如下。

```
# 设置训练参数
model.compile(loss = 'categorical_crossentropy',optimizer = 'adam',metrics =
['accuracy'])
# 传入数据，开始训练，verbose 参数的作用是显示打印的训练过程
train_history = model.fit(
        x = X_Train_normalize,
        y = y_TrainOneHot,
        epochs = EPOCH,
        batch_size = BATCH_SIZE,
        verbose = VERBOSE,
        validation_split = VALIDATION_SPLIT)
```

上面代码的执行结果如下。

```
WARNING:tensorflow:From /opt/conda3/lib/python3.6/site-packages/tensorflow/
python/ops/math_ops.py:3066: to_int32 (from tensorflow.python.ops.math_ops)
is deprecated and will be removed in a future version.
Instructions for updating:
Use tf.cast instead.
Train on 48000 samples, validate on 12000 samples
```

```
Epoch 1/10
 - 2s - loss: 0.4479 - acc: 0.8771 - val_loss: 0.2250 - val_acc: 0.9405
Epoch 2/10
 - 1s - loss: 0.1975 - acc: 0.9441 - val_loss: 0.1699 - val_acc: 0.9542
Epoch 3/10
 - 1s - loss: 0.1431 - acc: 0.9593 - val_loss: 0.1383 - val_acc: 0.9616
Epoch 4/10
 - 2s - loss: 0.1104 - acc: 0.9690 - val_loss: 0.1187 - val_acc: 0.9659
Epoch 5/10
 - 1s - loss: 0.0893 - acc: 0.9752 - val_loss: 0.1044 - val_acc: 0.9696
Epoch 6/10
 - 2s - loss: 0.0743 - acc: 0.9799 - val_loss: 0.0988 - val_acc: 0.9704
Epoch 7/10
 - 1s - loss: 0.0618 - acc: 0.9834 - val_loss: 0.0916 - val_acc: 0.9729
Epoch 8/10
 - 1s - loss: 0.0517 - acc: 0.9865 - val_loss: 0.0919 - val_acc: 0.9722
Epoch 9/10
 - 1s - loss: 0.0439 - acc: 0.9889 - val_loss: 0.0891 - val_acc: 0.9738
Epoch 10/10
 - 1s - loss: 0.0381 - acc: 0.9905 - val_loss: 0.0858 - val_acc: 0.9743
```

为了更好地观察训练准确率和训练损失值情况，我们定义了 show_train_history 函数，绘制可视化曲线，具体代码如下。

```
def show_train_history(train_history, train, validation):
    plt.plot(train_history.history[train])
    plt.plot(train_history.history[validation])
    plt.title('Train history')
    plt.ylabel(train)
    plt.xlabel('Epoch')
    plt.legend(['train', 'validation',], loc = 'upper left')
    plt.show()
```

使用绘制函数绘制准确率曲线的代码如下。

```
show_train_history(train_history, 'acc', 'val_acc')
```

得到的输出结果如图 6-1 所示。

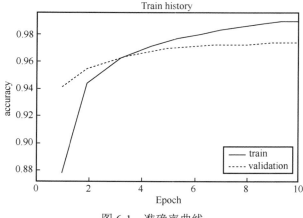

图 6-1　准确率曲线

使用绘制函数绘制损失值曲线的代码如下。

```
show_train_history(train_history, 'loss', 'val_loss')
```

得到的输出结果如图 6-2 所示。

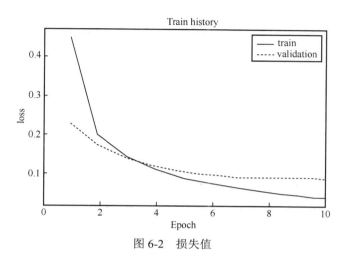

图 6-2　损失值

通过分析我们发现，在图 6-1 中，训练集准确率在后期是大于验证集准确率的，这说明模型出现了过拟合问题。

6.3　误差与过拟合问题

6.3.1　训练误差与泛化误差

训练误差是指模型在训练集上计算时所得到的误差，代表模型获取经验的能力。训练误差越小，模型获取经验的能力越强，这就好比学生获取当前知识的能力越强。泛化误差是指模型在测试集上测试时所得到的误差。泛化误差越小说明模型的推广能力越强，这就好比学生举一反三的能力越强。

我们以学生为例，描述这两种误差之间的区别。训练误差好比学生对平时所学内容的掌握程度，掌握得好做题错误率就低。如果让低年级学生做高年级学生的期末试卷，那么错误会很多，这是因为低年级学生没有学习高年级的课程，对知识的掌握程度不够。泛化误差类似于升学考试，升学考试的知识范围和学生平时做练习或者模拟考试的知识范围是相同的，但具体题目是不一样的，学生需要通过用总结出来的规律去应对新题目。

我们以高考为例，直观地解释训练误差和泛化误差这两个概念。训练误差可以被认为是做往年高考试题（训练题）时的答题错误率，泛化误差则可以被认为是参加高考（测试题）时的答题错误率。假设训练题和测试题都随机采样于一个未知的依照相同考试大纲的巨大试题库，如果让一名没有学习过中学知识的小学生答题，那么测试题和训练题的答题错误率可能很相近。但是，如果换成一名反复练习训练题的高三学生来答题，即使在训练题上做到了答题错误率为0，也不代表该学生参加高考时的答题错误率也为0。

6.3.2　过拟合问题

过拟合问题是指训练误差和测试误差之间的差距过大，其本质是模型复杂度高于实际问题，从而导致模型在训练集上的表现较好，在测试集上的表现较差。模型对训练集"死记硬背"（记住了不适用于测试集的训练集中数据的性质或特点），没有理解数据背后的规律，因而泛化能力差。

在机器学习中，训练集类似于模型的练习题，验证集类似于模型的自测题，测试集类似于模型正式的考试题。如果训练误差小于测试误差，则称之为过拟合，表示训练集在训练过程中取得的成绩大于验证集所取得的成绩。这说明训练集准确率越高并不代表着模型精度越好，因而在机器学习的过程中也应该关注如何降低泛化误差的问题。

图 6-3 展示了出现过拟合问题的情况。如果用一条线分割黑色球与灰色球，那么实线的分割结果是一个比较理想的结果，而虚线的分割结果则是过拟合的结果。

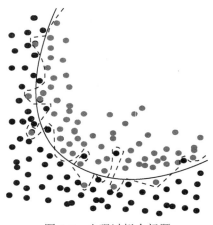

图 6-3　出现过拟合问题

6.4　过拟合的处理方法

如何解决过拟合问题？我们尝试了几种方法，其中包括增加隐藏层神经元、加入 Dropout 机制、增加隐藏层等。这些方法中有的会改善过拟合，有些反而会导致过拟合加重。

6.4.1　增加隐藏层神经元

为了更加明显地观察过拟合现象，我们修改模型的参数，将该模型隐藏层神经元的个数从 256 修改为 1 000。具体代码如下。修改后，可以通过模型摘要看到模型的参数值比原来的参数值有所增加。

```python
# 设置模型参数和训练参数
# 分类的类别数
CLASSES_NB = 10
# 模型输入层数量
INPUT_SHAPE = 28 * 28
# 隐藏层神经元的数量修改为1000
UNITS = 1000
# 验证集划分比例
VALIDATION_SPLIT = 0.2
# 训练周期设置为10个
EPOCH = 10
# 单批次数据量
BATCH_SIZE = 300
# 训练日志打印形式
VERBOSE = 2
# 建立模型
model = Sequential()
# 添加一个Dense层，Dense层的特点是均连接上下层的网络
# 为了查看过拟合情况，该Dense层包含输入层和隐藏层
model.add(Dense(units = UNITS,
                input_dim = INPUT_SHAPE,
                kernel_initializer = 'normal',
                activation = 'relu'))
# 定义输出层，使用softmax函数将0～9这10个数字的结果通过概率的形式进行激活转换
model.add(Dense(CLASSES_NB, activation = 'softmax'))
# 搭建完成后输出模型摘要
model.summary()
```

得到的模型摘要如下。

```
Layer (type)                    Output Shape                Param #
=================================================================
dense_1 (Dense)                 (None, 256)                 200960
_____
dense_2 (Dense)                 (None, 10)                  2570
=================================================================
Total params: 203,530
Trainable params: 203,530
Non-trainable params: 0
_____
```

接下来我们设置参数并训练模型，具体代码如下。

```python
# 设置训练参数
model.compile(loss = 'categorical_crossentropy', optimizer = 'adam', metrics =
['accuracy'])
# 传入数据，开始训练
# verbose参数的作用是显示打印的训练过程
train_history = model.fit(
```

```
        x = X_Train_normalize,
        y = y_TrainOneHot,
        epochs = EPOCH,
        batch_size = BATCH_SIZE,
        verbose = VERBOSE,
        validation_split = VALIDATION_SPLIT)
```

上面代码的执行结果如下。

```
Train on 48000 samples, validate on 12000 samples
Epoch 1/10
 - 4s - loss: 0.3439 - acc: 0.9024 - val_loss: 0.1677 - val_acc: 0.9540
Epoch 2/10
 - 4s - loss: 0.1398 - acc: 0.9598 - val_loss: 0.1259 - val_acc: 0.9632
Epoch 3/10
 - 5s - loss: 0.0910 - acc: 0.9744 - val_loss: 0.0971 - val_acc: 0.9709
Epoch 4/10
 - 3s - loss: 0.0633 - acc: 0.9827 - val_loss: 0.0856 - val_acc: 0.9740
Epoch 5/10
 - 3s - loss: 0.0482 - acc: 0.9868 - val_loss: 0.0836 - val_acc: 0.9743
Epoch 6/10
 - 3s - loss: 0.0348 - acc: 0.9910 - val_loss: 0.0770 - val_acc: 0.9768
Epoch 7/10
 - 3s - loss: 0.0257 - acc: 0.9941 - val_loss: 0.0728 - val_acc: 0.9780
Epoch 8/10
 - 4s - loss: 0.0196 - acc: 0.9960 - val_loss: 0.0800 - val_acc: 0.9752
Epoch 9/10
 - 3s - loss: 0.0149 - acc: 0.9971 - val_loss: 0.0727 - val_acc: 0.9775
Epoch 10/10
 - 3s - loss: 0.0123 - acc: 0.9980 - val_loss: 0.0697 - val_acc: 0.9791
```

下面我们使用 show_train_history 函数对训练过程进行可视化展示，具体代码如下。

```
show_train_history(train_history, 'acc', 'val_acc')
show_train_history(train_history, 'loss', 'val_loss')
```

得到的准确率曲线和误差率曲线如图 6-4 和图 6-5 所示。可以看出，过拟合的情况比修改之前（如图 6-1 和图 6-2 所示）更加严重。

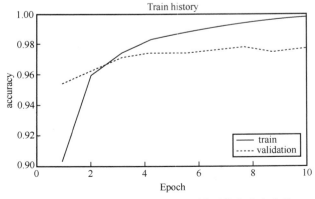

图 6-4　修改隐藏层神经元数量后模型的准确率曲线

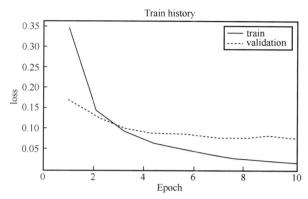

图 6-5　修改隐藏层神经元数量后模型的损失值曲线

6.4.2　加入 Dropout 机制

我们通过加入 Dropout 功能来处理过拟合问题，具体代码如下。在这段代码中，我们在现有模型的基础上增加了 Dropout 层。

```
# 将 Dropout 模块导入
from keras.layers import Dropout
# 建立模型
model = Sequential()
# 添加一个 Dense 层，Dense 层的特点是均连接上下层的网络
# 该 Dense 层包含输入层和隐藏层
model.add(Dense(units = UNITS,
                input_dim = INPUT_SHAPE,
                kernel_initializer = 'normal',
                activation = 'relu'))
# 在隐藏层和输出层之间加入 Dropout 层，参数 0.5 表示随机丢弃 50%的神经元
model.add(Dropout(0.5))
# 定义输出层，使用 softmax 函数将 0～9 这 10 个数字的结果通过概率的形式进行激活转换
model.add(Dense(CLASSES_NB, activation = 'softmax'))
# 搭建完成后输出模型摘要
model.summary()
```

给模型添加 Dropout 层后，接下来我们训练模型，并仔细观察日志和之前相比有什么变化。具体代码如下。

```
# 设置训练参数
model.compile(loss = 'categorical_crossentropy', optimizer = 'adam', metrics =
['accuracy'])
# 传入数据，开始训练
# verbose 参数的作用是显示打印的训练过程
train_history = model.fit(
        x = X_Train_normalize,
        y = y_TrainOneHot,
        epochs = EPOCH,
        batch_size = BATCH_SIZE,
```

```
        verbose = VERBOSE,
        validation_split = VALIDATION_SPLIT)
```

上面代码的执行结果如下。

```
Train on 48000 samples, validate on 12000 samples
Epoch 1/10
 - 4s - loss: 0.3955 - acc: 0.8831 - val_loss: 0.1777 - val_acc: 0.9513
Epoch 2/10
 - 4s - loss: 0.1759 - acc: 0.9492 - val_loss: 0.1275 - val_acc: 0.9630
Epoch 3/10
 - 4s - loss: 0.1286 - acc: 0.9633 - val_loss: 0.1081 - val_acc: 0.9677
Epoch 4/10
 - 4s - loss: 0.1019 - acc: 0.9702 - val_loss: 0.0933 - val_acc: 0.9723
Epoch 5/10
 - 4s - loss: 0.0831 - acc: 0.9754 - val_loss: 0.0903 - val_acc: 0.9716
Epoch 6/10
 - 4s - loss: 0.0699 - acc: 0.9787 - val_loss: 0.0801 - val_acc: 0.9771
Epoch 7/10
 - 4s - loss: 0.0610 - acc: 0.9817 - val_loss: 0.0738 - val_acc: 0.9783
Epoch 8/10
 - 4s - loss: 0.0533 - acc: 0.9843 - val_loss: 0.0741 - val_acc: 0.9785
Epoch 9/10
 - 5s - loss: 0.0458 - acc: 0.9860 - val_loss: 0.0698 - val_acc: 0.9785
Epoch 10/10
 - 4s - loss: 0.0414 - acc: 0.9872 - val_loss: 0.0702 - val_acc: 0.9797
```

从打印的训练日志中可以看到，训练集的准确率和验证集的准确率由第 1 轮的 0.883 1 和 0.951 3 变为第 10 轮的 0.987 2 和 0.979 7，训练集的损失值和验证集的损失值由第 1 轮的 0.395 5 和 0.177 7 变为第 10 轮的 0.041 4 和 0.070 2。这说明两种损失值在逐步减小。

我们使用 show_train_history 函数将准确率和损失值以可视化方式进行呈现，具体代码如下。

```
show_train_history(train_history, 'acc', 'val_acc')
show_train_history(train_history, 'loss', 'val_loss')
```

上面代码的执行结果如图 6-6 和图 6-7 所示。

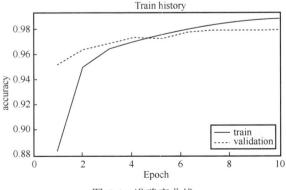

图 6-6　准确率曲线

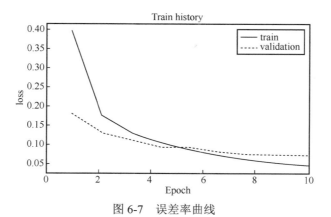

图 6-7 误差率曲线

6.4.3 增加隐藏层

我们在模型中增加一个隐藏层，即构建一个包含两个隐藏层的多层感知机，并观察模型的准确率及泛化能力。首先，我们建立模型，具体代码如下。

```
# 建立模型
model = Sequential()
```

其次，我们在模型中加入隐藏层 1，具体代码如下。

```
# 建立隐藏层 1
model.add(Dense(units = UNITS,
                input_dim = INPUT_SHAPE,
                kernel_initializer = 'normal',
                activation = 'relu'))
# 在隐藏层 1 和下面的隐藏层 2 之间加入 Dropout 层，参数 0.5 表示随机丢弃 50% 的神经元
model.add(Dropout(0.5))
```

再次，我们在模型中加入隐藏层 2，具体代码如下。

```
# 建立隐藏层 2
model.add(Dense(units = UNITS,
                kernel_initializer = 'normal',
                activation = 'relu'))
# 在隐藏层 2 和下面的输出层之间加入 Dropout 层，参数 0.5 表示随机丢弃 50% 的神经元
model.add(Dropout(0.5))
```

最后，我们在模型中加入输出层，具体代码如下。

```
# 添加输出层
model.add(Dense(CLASSES_NB, activation = 'softmax'))
# 搭建完成后输出模型摘要
model.summary()
```

接下来我们设置训练参数，并训练模型，具体代码如下。

```
# 设置训练参数
model.compile(loss = 'categorical_crossentropy', optimizer = 'adam', metrics =
['accuracy'])
# 传入数据，开始训练
# 参数引用上面定义好的参数
```

```
train_history = model.fit(
        x = X_Train_normalize,
        y = y_TrainOneHot,
        epochs = EPOCH,
        batch_size = BATCH_SIZE,
        verbose = VERBOSE,
        validation_split = VALIDATION_SPLIT)
```

上面代码的执行结果如下。

```
Train on 48000 samples, validate on 12000 samples
Epoch 1/10
 - 11s - loss: 0.4019 - acc: 0.8746 - val_loss: 0.1414 - val_acc: 0.9584
Epoch 2/10
 - 10s - loss: 0.1680 - acc: 0.9489 - val_loss: 0.1042 - val_acc: 0.9676
Epoch 3/10
 - 10s - loss: 0.1235 - acc: 0.9611 - val_loss: 0.0917 - val_acc: 0.9720
Epoch 4/10
 - 10s - loss: 0.0984 - acc: 0.9688 - val_loss: 0.0852 - val_acc: 0.9746
Epoch 5/10
 - 10s - loss: 0.0825 - acc: 0.9743 - val_loss: 0.0797 - val_acc: 0.9768
Epoch 6/10
 - 9s - loss: 0.0725 - acc: 0.9772 - val_loss: 0.0746 - val_acc: 0.9771
Epoch 7/10
 - 9s - loss: 0.0640 - acc: 0.9794 - val_loss: 0.0731 - val_acc: 0.9794
Epoch 8/10
 - 9s - loss: 0.0559 - acc: 0.9813 - val_loss: 0.0774 - val_acc: 0.9778
Epoch 9/10
 - 9s - loss: 0.0544 - acc: 0.9823 - val_loss: 0.0737 - val_acc: 0.9796
Epoch 10/10
 - 9s - loss: 0.0473 - acc: 0.9845 - val_loss: 0.0759 - val_acc: 0.9785
```

我们使用 show_train_history 函数分别对准确率和损失值进行可视化显示，具体代码如下。

```
show_train_history(train_history, 'acc', 'val_acc')
show_train_history(train_history, 'loss', 'val_loss')
```

得到的结果如图 6-8 和图 6-9 所示。可以看到，添加两个隐藏层和 Dropout 层后，验证集的准确率（val_acc）逐渐提高，验证集的损失率（val_loss）有所下降。验证集和训练集的两种曲线均逐渐靠近，这说明过拟合的问题得到了解决。

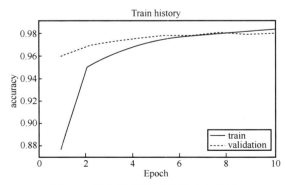

图 6-8　增加隐藏层后的准确率曲线

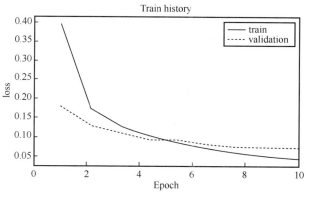

图 6-9　增加隐藏层后的损失值曲线

6.5 保存模型

如果训练模型准确率已经比较高了，那么通常的做法是把模型保存下来，如果不保存则需要重新训练才能使用。重新训练对于小数据集的场景来说是没问题的，但对于大数据集的场景来说，则需要花费较长时间，因此，我们一般会将训练好的模型保存起来。

6.5.1 将模型保存为 JSON 格式文件

将模型保存为 JSON 格式是比较流行的做法，这种方式既方便查看模型内容，也方便分享给他人。保存后，模型可以直接被调用，不需要重新训练。如果要分享模型给他人，那么直接发送 JSON 格式文件即可。将模型保存为 JSON 格式文件的代码如下。

```
from keras.models import model_from_json
import json
# 将前文中的模型转换成 JSON 格式文件
model_json = model.to_json()
# 格式化 JSON 格式文件以便阅读
model_dict = json.loads(model_json)
model_json = json.dumps(model_dict, indent=4, ensure_ascii = False)
# 将 JSON 格式文件保存到当前目录下
with open("./model_json.json", 'w') as json_file:
    json_file.write(model_json)
```

模型保存完成后，我们尝试读取 JSON 格式文件来创建一个新的模型，具体代码如下。

```
# 打开文件
with open("./model_json.json", 'r') as json_file:
# 读取文件中的信息
    load_json = json_file.read()
# 输出读取的 JSON 接口
print(load_json)
```

上面代码的执行结果如下。

```
{
    "class_name": "Sequential",
    "config": {
        "name": "sequential_4",
        "layers": [
                {
                "class_name": "Dense",
                "config": {
                    "name": "dense_7",
                    "trainable": true,
                    "batch_input_shape": [
                        null,
                        784
                                        ],
                    "dtype": "float32",
                    "units": 1000,
                    "activation": "relu",
                    "use_bias": true,
                    "kernel_initializer": {
                        "class_name": "RandomNormal",
                        "config": {
                            "mean": 0.0,
                            "stddev": 0.05,
                            "seed": null
                                }
                                },
                    "bias_initializer": {
                        "class_name": "Zeros",
                        "config": {}
                                },
                    "kernel_regularizer": null,
                    "bias_regularizer": null,
                    "activity_regularizer": null,
                    "kernel_constraint": null,
                    "bias_constraint": null
                    }
                },
            {
                "class_name": "Dropout",
                "config": {
                    "name": "dropout_2",
                    "trainable": true,
                    "rate": 0.5,
                    "noise_shape": null,
                    "seed": null
                    }
            },
            {
```

```
        "class_name": "Dense",
        "config": {
            "name": "dense_8",
            "trainable": true,
            "units": 1000,
            "activation": "relu",
            "use_bias": true,
            "kernel_initializer": {
                "class_name": "RandomNormal",
                "config": {
                    "mean": 0.0,
                    "stddev": 0.05,
                    "seed": null
                        }
                            },
            "bias_initializer": {
                "class_name": "Zeros",
                "config": {}
                            },
            "kernel_regularizer": null,
            "bias_regularizer": null,
            "activity_regularizer": null,
            "kernel_constraint": null,
            "bias_constraint": null
                }
    },
    {
        "class_name": "Dropout",
        "config": {
            "name": "dropout_3",
            "trainable": true,
            "rate": 0.5,
            "noise_shape": null,
            "seed": null
                }
    },
    {
        "class_name": "Dense",
        "config": {
            "name": "dense_9",
            "trainable": true,
            "units": 10,
            "activation": "softmax",
            "use_bias": true,
            "kernel_initializer": {
                "class_name": "VarianceScaling",
                "config": {
                    "scale": 1.0,
                    "mode": "fan_avg",
                    "distribution": "uniform",
```

```
                                        "seed": null
                                    }
                                },
                    "bias_initializer": {
                        "class_name": "Zeros",
                        "config": {}
                                    },
                    "kernel_regularizer": null,
                    "bias_regularizer": null,
                    "activity_regularizer": null,
                    "kernel_constraint": null,
                    "bias_constraint": null
                        }
                    ]
                },
    "keras_version": "2.2.4",
    "backend": "tensorflow"
}
```

可以直观地看到，JSON 格式文件中包含了模型的各个参数。

接下来我们加载 JSON 格式文件中的模型并创建新模型，具体代码如下。

```
# 加载模型并创建新模型
new_model = model_from_json(load_json)
# 输出新的模型摘要
new_model.summary()
```

查看模型摘要后，我们可以发现加载的模型与之前搭建的模型无异。

6.5.2 保存模型权重

上一小节我们保存模型为 JSON 格式文件，这次我们尝试保存模型权重，以便在下次打开程序时，可以直接读取，不需要每次使用时先训练模型。保存模型权重的文件格式为 h5，具体代码如下。

```
from keras.models import load_model
# 保存训练好的模型权重
model.save('mnist_model_v1.h5')
# 从本地读取 mnist_model_v1
model_v1 = load_model('mnist_model_v1.h5')
```

下面我们利用测试集验证模型权重是否能够成功加载，具体代码如下。

```
model_v1.evaluate(X_Test_normalize, y_TestOneHot)
10000/10000 [==============================] - 1s 142us/step
[0.06437948538406636, 0.9799]
# 预测测试集
result_class = model.predict(X_Test)
# 查看前 10 个数据的预测结果
result_class[:10]
```

上面代码的执行结果如下。

```
array([[0., 0., 0., 0., 0., 0., 0., 1., 0., 0.],
```

```
     [0., 0., 1., 0., 0., 0., 0., 0., 0., 0.],
     [0., 1., 0., 0., 0., 0., 0., 0., 0., 0.],
     [1., 0., 0., 0., 0., 0., 0., 0., 0., 0.],
     [0., 0., 0., 0., 1., 0., 0., 0., 0., 0.],
     [0., 1., 0., 0., 0., 0., 0., 0., 0., 0.],
     [0., 0., 0., 0., 1., 0., 0., 0., 0., 0.],
     [0., 0., 0., 0., 0., 0., 0., 0., 0., 1.],
     [0., 0., 0., 0., 0., 1., 0., 0., 0., 0.],
     [0., 0., 0., 0., 0., 0., 0., 0., 0., 1.]], dtype=float32)
```

可以看出，模型权重是能够成功加载的，并且可以正常使用。因此，训练好的模型可以用这种方式进行保存。

6.6　本章小结

本章主要介绍了误差和过拟合问题，并分析了 3 种解决过拟合问题的办法：增加隐藏层神经元、加入 Dropout 机制、增加隐藏层。

学完本章，读者需要掌握如下知识点。

（1）训练次数不是越多越好，训练次数过多容易发生过拟合情况。过拟合越严重，模型的泛化能力越弱。

（2）设置隐藏层神经元的数量要适当，数量过多容易发生过拟合情况。

（3）在隐藏层和输出层之间加入 Dropout 层可以有效减少过拟合，从而提高模型的准确率。

第 7 章

项目 1：识别 Fashion MNIST 数据集

　　卷积神经网络是深度学习领域主流的神经网络之一，广泛应用于多个领域。特别是在计算机视觉领域，卷积神经网络是一种必不可少的深度学习模型。目前，卷积神经网络研究工作已取得一系列突破性成果。本章首先介绍卷积神经网络的基本原理，然后详细介绍卷积神经网络的搭建过程，最后使用卷积神经网络识别 Fashion MNIST 数据集。

学习目标

- 掌握卷积神经网络的基本原理。
- 了解 LeNet-5 卷积模型结构。
- 掌握 LeNet-5 卷积模型的构建方法。

7.1 卷积神经网络简介

卷积神经网络（Convolutional Neural Networks，CNN）深受人类视觉神经系统的启发，擅长处理图像。卷积神经网络有以下两个特点。

（1）能够有效地将大数据量的图像降维处理成小数据量的图像。

（2）降维处理后能够有效地保留图像特征，符合图像处理的原则。

目前，卷积神经网络已经广泛应用于如人脸识别、自动驾驶、安防等领域。典型的卷积神经网络由 3 个部分构成：卷积层、池化层、全连接层。

在前文中，我们搭建了能够识别手写字体（简称手写体）的多层感知机。在该模型中，输入是维度为 28×28 的图像，这是一个多维数组。为了使模型能够处理，多维数组需要被转换成一维向量，这个转换会让图像中的空间性信息消失。而卷积神经网络不需要做上面这些处理，它可以保存完整空间信息，并且可以提取完整特征。

在卷积运算过程中，需要定义一个维度为 $F×F$ 的矩阵，即卷积核。该矩阵又被称为感受野、过滤器。过滤器和输入层的深度一致，记过滤器的深度为 d，由长、宽和深度组成的矩阵维度为 $F×F×d$，从数学上来看，过滤器就是 d 个 $F×F$ 维的矩阵。实际应用中，不同模型会有不同数量的过滤器，模型所包含的过滤器的数量记为 K，每一个过滤器包含 d 个 $F×F$ 维的矩阵。

以单通道卷积为例，假设卷积核大小为 3×3。卷积核不断地在图像上进行遍历，最后得到 3×3 的卷积结果。卷积运算过程如图 7-1 所示，其中，计算式中实线框标识的数据为输入数据，虚线框标识的数据为卷积核中的数据。

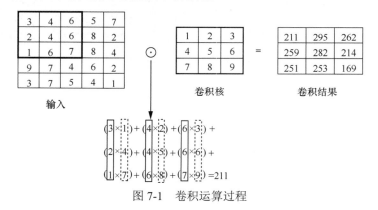

图 7-1　卷积运算过程

7.2 LeNet-5 卷积模型

LeNet-5 卷积模型由"卷积网络之父"Yann LeCun 设计，是较早的卷积神经网络之一，该神经网络极大地推动了深度学习的发展。LeNet-5 卷积模型是高效的手写体识别卷积神经网络，美国大多数银行用它来识别支票上的手写数字。

LeNet-5 卷积模型的网络结构如图 7-2 所示。

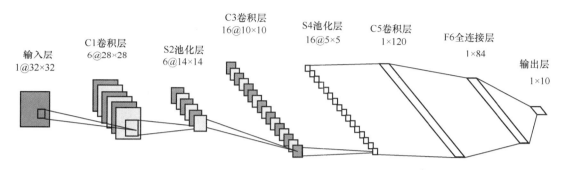

说明: @符号前面的数字表示卷积核的数量，后面的数字表示输入图像的维度。

图 7-2　LeNet-5 卷积模型的网络结构

由图 7-2 可以看出，LeNet-5 卷积模型共有 8 层，除了输入层和输出层外，其他层均有多个特征图，每个特征图通过过滤器提取输入特征。

（1）输入层：输入图像的维度为 32×32，这比 MNIST 数据集中图像的最大维度（28×28）还大。这样做的目的是希望潜在的明显特征——比如笔画断续、角点等——能够出现在最高层特征监测子过滤器的中心。

（2）C1 卷积层：由 6 个特征图组成，其输入为 32 像素×32 像素的图像。卷积核的维度为 5×5，数量为 6。最终 C1 卷积层的特征图维度为 28（即 32−5 + 1 = 28）。

（3）S2 池化层：池化层又称下采样层。下采样的作用是利用图像的局部相关性原理对图像进行子抽样，以减少处理的数据量，同时又保留有用的信息。池化的维度为 2×2，输出特征图的维度为 14×14（即 28÷2=14）。经池化后得到 6 个维度为 14×14 的特征图，作为下一层神经元的输入。

（4）C3 卷积层：该层卷积核的维度为 5×5，和 S2 池化层进行卷积运算后，得到的特征图的维度为 10×10。每一个特征图中包含 10×10 个神经元。C3 卷积层有 16 个不同的过滤器，因而会得到 16 个不同的特征图。

（5）S4 池化层：由 16 个维度为 5×5 的特征图组成。特征图中每个单元与 C3 卷积层中相应的特征图维度为 2×2 的邻域相连。

（6）C5 卷积层：这一层有 120 个特征图，每个单元与 S4 池化层的全部的 16 个维度为 5×5 的邻域相连。因为 S4 池化层中特征图的维度是 5×5，这一层过滤器的维度也是 5×5，所以这一层特征图的维度为 1×1（5−5+1 = 1）。

（7）F6 全连接层：该层有 84 个节点。

（8）输出层：该层和 F6 全连接层连接，共有 10 个节点，分别代表数字 0～9，如果节点 i 的输出值为 0，则卷积神经网络识别的结果是数字 i，$0 \leqslant i \leqslant 9$。

卷积神经网络可以完整地保存图像中的空间性信息，不需要像多层感知机那样把多维数据转换成一维数据再进行处理。卷积神经网络可以直接输入多维数组，输入的数据格式为 28×28×1，表示 28 像素×28 像素的单通道图像。

7.3 Fashion MNIST 数据集

7.3.1 Fashion MNIST 数据集简介

Fashion MNIST 数据集是一个替代 MNIST 数据集的图像数据集，涵盖了 10 个类别，共计 7 万幅不同商品的正面图像，其中，训练集包含 60 000 幅图像，测试集包含 10 000 幅图像，这些图像都是 28 像素×28 像素的灰度图像。Fashion MNIST 数据集中的 10 个类别标签分别是：0–圆领短袖 T 恤、1–裤子、2–套头衫、3–连衣裙、4–外套、5–凉鞋、6–衬衫、7–帆布鞋、8–包、9–短靴。

7.3.2 下载 Fashion MNIST 数据集

Fashion MNIST 数据集可以通过 fashion_mnist.load_data()方法进行下载。调用该方法时，TensorFlow 系统会自动检测用户目录是否存在数据集，如果存在则直接加载；如果不存在则会连接到默认的网址进行下载。下载 Fashion MNIST 数据集需要花费比较长的时间，具体代码如下。

```
# 导入需要使用的包
import numpy as np
import pandas as pd
from keras.utils import np_utils
from keras.datasets import fashion_mnist
import matplotlib.pyplot as plt
from matplotlib.font_manager import FontProperties
import keras
# 下载数据集
(X_train_image,y_train_label),(X_test_image,y_test_label) =
fashion_mnist.load_data()
# 将标签映射到图像，便于查看物品属性
CLASSES_NAME = ['短袖圆领 T 恤', '裤子', '套头衫', '连衣裙', '外套', '凉鞋', '衬衫', '帆布鞋','包', '短靴']
```

7.3.3 查看数据

要更好地了解 Fashion MNIST 数据集，就要把数据集中的数据展现出来，因此，我们先定义几个显示数据的函数，具体代码如下。

```
font_zh = FontProperties(fname = './fz.ttf')
```

```python
# 定义一个可输出图像和数字的函数
def show_image(images, labels, idx, alias = []):
    fig = plt.gcf()
    plt.imshow(images[idx], cmap = 'binary')
    if alias:
        plt.xlabel(str(CLASSES_NAME[labels[idx]]), fontproperties = font_zh,
fontsize = 15)
    else:
        plt.xlabel('label:'+str(labels[idx]), fontsize = 15)
    plt.show()
# 定义一个可输出多幅图像和多个数字的函数
def show_images_set(images, labels, prediction, idx, num = 15, alias = []):
    fig = plt.gcf()
    fig.set_size_inches(14, 14)
    for i in range(0,num):
        color = 'black'
        tag = ''
        ax = plt.subplot(5,5,1+i)
        ax.imshow(images[idx], cmap = 'binary')
        if len(alias)>0:
            title = str(CLASSES_NAME[labels[idx]])
        else:
            title = "label:" + str(labels[idx])
        if len(prediction)>0:
            if prediction[idx] != labels[idx]:
                color = 'red'
                tag = 'x'
            if alias:
                title += "("+str(CLASSES_NAME[prediction[idx]])+")" + tag
            else:
                title += ",predict=" +str(prediction[idx])
        ax.set_title(title, fontproperties = font_zh, fontsize = 13, color = color)
        ax.set_xticks([])
        ax.set_yticks([])
        idx += 1
    plt.show()
```

上面代码中定义了两个函数：show_image 函数和 show_images_set 函数。show_image 函数的作用是可视化地展现一幅图像，其参数 idx 表示查看第几项数据。show_images_set 函数的作用是可视化地展现训练集数据，其参数 prediction 表示传入预测结果数据集，上面代码中暂时被设置为空 ；参数 idx 表示需要从第几项数据开始遍历；参数 num 表示最多可显示数据的数量，默认值为 10，程序中其值设置为 15。show_images_set 函数的使用示例如下，得到的结果如图 7-3 所示。

```python
show_images_set(images = X_train_image, labels = y_train_label, prediction = [],
idx = 10, alias = CLASSES_NAME)
```

短袖圆领T恤	短靴	凉鞋	凉鞋	帆布鞋
短靴	裤子	短袖圆领T恤	衬衫	外套
连衣裙	裤子	外套	包	外套

图 7-3 show_image_set 函数使用示例的结果

7.4 搭建 LeNet-5 卷积模型并识别 Fashion MNIST 数据集

7.4.1 预处理数据

我们先对数据进行一些初始处理，其中包括加载数据集、划分数据集、归一化处理等，具体代码如下。

```
import numpy as np
from keras.utils import np_utils
from keras.datasets import mnist
import pandas as pd
import matplotlib.pyplot as plt
from keras.models import Sequential
from keras.layers import Dense, Dropout, Flatten, Conv2D, MaxPooling2D,
Activation
# 加载数据集
(X_train_image, y_train_label), (X_test_image, y_test_label) =
fashion_mnist.load_data()
# 图像转换成向量
x_Train4D =
X_train_image.reshape(X_train_image.shape[0],28,28,1).astype('float32')
```

```
x_Test4D = X_test_image.reshape(X_test_image.shape[0],28,28,1).astype('float32')
# 图像归一化处理
x_Train4D_normalize = x_Train4D / 255
x_Test4D_normalize = x_Test4D / 255
# 标签的 one_hot 编码处理
y_TrainOneHot = np_utils.to_categorical(y_train_label)
y_TestOneHot = np_utils.to_categorical(y_test_label)
# 设置模型参数和训练参数
# 分类的类别数
CLASSES_NB = 10
# 模型输入层数量
INPUT_SHAPE = (28,28,1)
# 验证集划分比例
VALIDATION_SPLIT = 0.2
# 训练周期，这边设置 10 个周期即可
EPOCH = 20
# 单批次数据量
BATCH_SIZE = 300
# 训练日志打印形式
VERBOSE = 2
# 将标签映射到图像，比较方便查看物品属性
CLASSES_NAME = ['圆领短袖 T 恤', '裤子', '套头衫', '连衣裙', '外套', '凉鞋', '衬衫', '
帆布鞋','包', '短靴']
```

7.4.2　搭建 LeNet-5 卷积模型

我们接下来搭建 LeNet-5 卷积模型。在这个过程中，我们需要给模型添加多个网络层，例如卷积层、池化层、扁平层等。具体代码如下。

```
model = Sequential()
model.add(Conv2D(filters=6,
                kernel_size = (5,5),
                strides = (1,1),
                input_shape = (28,28,1),
                padding = 'valid',
                kernel_initializer = 'uniform'))
model.add(Activation('relu'))
model.add(MaxPooling2D(pool_size = (2,2)))
model.add(Conv2D(16,
                kernel_size = (5,5),
                strides = (1,1),
                padding = 'valid',
                kernel_initializer = 'uniform'))
model.add(Activation('relu'))
model.add(MaxPooling2D(pool_size = (2,2)))
model.add(Flatten())
model.add(Dense(120))
```

```
model.add(Activation('relu'))
model.add(Dense(84))
model.add(Activation('relu'))
model.add(Dense(CLASSES_NB))
model.add(Activation('softmax'))
model.compile(optimizer = 'sgd', loss = 'categorical_crossentropy', metrics =
['accuracy'])
model.summary()
```

LeNet-5 卷积模型的结构如图 7-4 所示，其输入为灰度图像。

```
conv2d_1 (Conv2D)              (None, 24, 24, 6)          156

activation_1 (Activation)      (None, 24, 24, 6)          0

max_pooling2d_1(MaxPooling2D)(None, 12, 12, 6)            0

conv2d_2 (Conv2D)              (None, 8, 8, 16)           2416

activation_2 (Activation)      (None, 8, 8, 16)           0

max_pooling2d_2 (MaxPooling2D)(None, 4, 4, 16)            0

flatten_1 (Flatten)            (None, 256)                0

dense_1 (Dense)                (None, 120)                30840

activation_3 (Activation)      (None, 120)                0

dense_2 (Dense)                (None, 84)                 10164

activation_4 (Activation)      (None, 84)                 0

dense_3 (Dense)                (None, 10)                 850

activation_5 (Activation)      (None, 10)                 0
=================================================================
Total params: 44,426
Trainable params: 44,426
Non-trainable params: 0
```

图 7-4　LeNet-5 卷积模型的结构

7.4.3　训练与评估 LeNet-5 卷积模型

我们将参数传入 fit 方法，开始训练模型，并显示训练过程。

```
train_history = model.fit(x = x_Train4D_normalize,
                    y = y_TrainOneHot, validation_split = VALIDATION_SPLIT,
                    epochs = EPOCH, batch_size = BATCH_SIZE, verbose = VERBOSE)
```

上面代码输出的结果如下。

```
Train on 48000 samples, validate on 12000 samples
Epoch 1/20
- 51s - loss: 2.2980 - acc: 0.2162 - val_loss: 2.2907 - val_acc: 0.2464
......
Epoch 19/20
- 51s - loss: 0.5517 - acc: 0.7935 - val_loss: 0.5248 - val_acc: 0.7889
```

```
Epoch 20/20
- 51s - loss: 0.5497 - acc: 0.7938 - val_loss: 0.5640 - val_acc: 0.7896
```

训练完成后,模型训练过程的可视化展示和保存训练好的模型权重可以通过以下代码实现,得到的训练过程中准确率与损失值曲线如图 7-5 所示。

```
# 定义绘制训练过程的函数
def show_train_history(train_history, train, validation):
    plt.plot(train_history.history[train])
    plt.plot(train_history.history[validation])
    plt.title('Train history')
    plt.ylabel(train)
    plt.xlabel('Epoch')
    plt.legend(['train', 'validation',], loc = 'upper left')
    plt.show()
# 使用绘制函数绘制出准确率曲线
show_train_history(train_history, 'acc', 'val_acc')
# 使用绘制函数绘制出误差率曲线
show_train_history(train_history, 'loss', 'val_loss')
scores = model.evaluate(x_Test4D_normalize, y_TestOneHot)
print(scores[1])
10000/10000 [==============================] - 2s 239us/step
0.8073
# 保存训练好的模型权重
model.save('mnist_model_v2.h5')
```

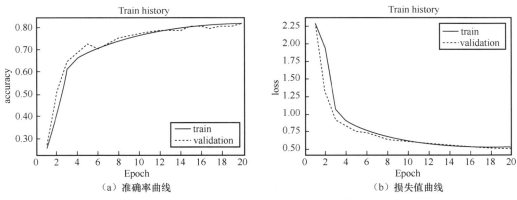

（a）准确率曲线 　　　　　　　　　　　（b）损失值曲线

图 7-5　训练过程中准确率与损失值曲线

7.4.4　识别过程的可视化展示

借助可视化的方式,我们能够更清楚地了解图像的处理过程。接下来我们对 LeNet-5 卷积模型的处理过程进行可视化展示,具体代码如下。

```
# 读取已保存的模型
from keras.models import load_model
```

```
model_v2 = load_model('mnist_model_v2.h5')
from keras.models import Model
# 定义获取某一层中预测结果的函数
def get_layer_output(model, layer_name, data_set):
    try:
        out = model.get_layer(layer_name).output
    except:
        raise Exception('Error layer named {}!'.format(layer_name))
    conv1_layer = Model(inputs = model.inputs, outputs = out)
    res = conv1_layer.predict(data_set)
    return res
# 定义显示预测结果的函数
def show_layer_output(imgs, r = 1, c = 7):
    fig = plt.gcf()
    fig.set_size_inches(12, 14)
    length = imgs.shape[2]
    for _ in range(length):
        show_img = imgs[:, : , _]
        show_img.shape = imgs.shape[:2]
        plt.subplot(r, c, _ + 1)
        plt.imshow(show_img)
    plt.show()
```

我们随机选择 Fashion MNIST 数据集中一幅圆领短袖 T 恤图像作为样本（如图 7-6 所示），并展现该图像在各层网络中的图像，具体代码如下。

```
show_image(X_train_image, y_train_label, 1, CLASSES_NAME)
```

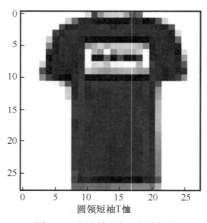

圆领短袖T恤

图 7-6　圆领短袖 T 恤样本

卷积层处理图像的代码如下。

```
# 获取第一个卷积层中计算过程的图像
conv2d_1 = get_layer_output(model_v2, "conv2d_1", x_Test4D)[1]
activation_1 = get_layer_output(model_v2, "activation_1", x_Test4D)[1]
max_pooling2d_1 = get_layer_output(model_v2, "max_pooling2d_1", x_Test4D)[1]
# 获取第二个卷积层中计算过程的图像
```

```
conv2d_2 = get_layer_output(model_v2, "conv2d_2", x_Test4D)[1]
activation_2 = get_layer_output(model_v2, "activation_2", x_Test4D)[1]
max_pooling2d_2 = get_layer_output(model_v2, "max_pooling2d_2", x_Test4D)[1]
```

我们展示卷积层 1 的处理过程，代码如下。得到的结果如图 7-7 所示。

```
show_layer_output(conv2d_1)
```

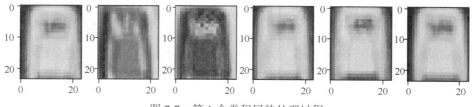

图 7-7　第 1 个卷积层的处理过程

我们展示激活函数 1 的处理过程，代码如下。得到的结果如图 7-8 所示。

```
show_layer_output(activation_1)
```

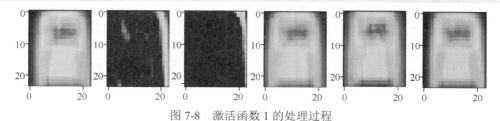

图 7-8　激活函数 1 的处理过程

我们展示池化层 1 的处理过程，代码如下。得到的结果如图 7-9 所示。

```
show_layer_output(max_pooling2d_1)
```

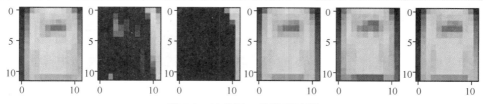

图 7-9　池化层 1 的处理过程

我们展示卷积层 2 的处理过程，代码如下。得到的结果如图 7-10 所示。

```
show_layer_output(conv2d_2, r=8, c=8)
```

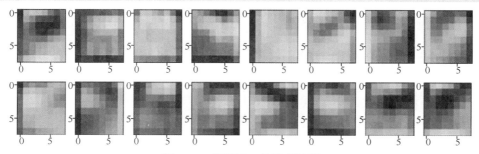

图 7-10　卷积层 2 的处理过程

我们展示激活函数 2 的处理过程，代码如下。得到的结果如图 7-11 所示。

```
show_layer_output(activation_2, r=8, c=8)
```

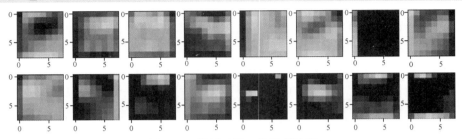

图 7-11　激活函数 2 的处理过程

我们展示池化层 2 的处理过程，代码如下。得到的结果如图 7-12 所示。

```
show_layer_output(max_pooling2d_2, r=8, c=8)
```

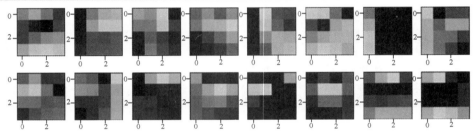

图 7-12　池化层 2 的处理过程

7.5　改进 LeNet-5 卷积模型

本节主要介绍如何改进 LeNet-5 卷积模型，模型的搭建步骤和 7.4 节中模型的搭建步骤一样。

7.5.1　预处理数据

我们先对数据进行初始化处理，其中包括读取数据集、划分训练集和测试集、归一化处理等。具体代码参考前文，我们在此略过不讲。

7.5.2　改进 LeNet-5 卷积模型

我们在 LeNet-5 卷积模型结构的基础上，对网络结构及参数进行修改，以提升模型预测精度。具体代码如下。

```
model = Sequential()
model.add(Conv2D(filters = 16,
            kernel_size = (5,5),
```

```
                padding = 'same',
                input_shape = (28,28,1)))
model.add(Activation('relu'))
model.add(MaxPooling2D(pool_size = (2,2)))
model.add(Conv2D(filters = 50,
                kernel_size = (5,5),
                padding = 'same'))
model.add(Activation('relu'))
model.add(MaxPooling2D(pool_size = (2, 2)))
model.add(Dropout(0.25))
model.add(Flatten())
model.add(Dense(500,activation = 'relu'))
model.add(Activation('relu'))
model.add(Dropout(0.5))
model.add(Dense(CLASSES_NB))
model.add(Activation('softmax'))
print(model.summary())
Model: "sequential_2"
_________________________________________________________________
Layer (type)                 Output Shape              Param #
=================================================================
conv2d_3 (Conv2D)            (None, 28, 28, 16)        416
………
_________________________________________________________________
activation_9 (Activation)    (None, 10)                0
=================================================================
Total params: 1,250,976
Trainable params: 1,250,976
Non-trainable params: 0
_________________________________________________________________
None
```

改进后的 LeNet-5 卷积模型结构如图 7-13 所示。

```
Layer (type)                 Output Shape              Param #
=================================================================
conv2d_3 (Conv2D)            (None, 28, 28, 16)        416
_________________________________________________________________
activation_6 (Activation)    (None, 28, 28, 16)        0
_________________________________________________________________
max_pooling2d_3 (MaxPooling2 (None, 14, 14, 16)        0
_________________________________________________________________
conv2d_4 (Conv2D)            (None, 14, 14, 50)        20050
_________________________________________________________________
activation_7 (Activation)    (None, 14, 14, 50)        0
_________________________________________________________________
max_pooling2d_4 (MaxPooling2 (None, 7, 7, 50)          0
_________________________________________________________________
dropout_1 (Dropout)          (None, 7, 7, 50)          0
_________________________________________________________________
flatten_2 (Flatten)          (None, 2450)              0
_________________________________________________________________
dense_4 (Dense)              (None, 500)               1225500
_________________________________________________________________
activation_8 (Activation)    (None, 500)               0
_________________________________________________________________
dropout_2 (Dropout)          (None, 500)               0
_________________________________________________________________
dense_5 (Dense)              (None, 10)                5010
_________________________________________________________________
activation_9 (Activation)    (None, 10)                0
=================================================================
Total params: 1,250,976
Trainable params: 1,250,976
Non-trainable params: 0
_________________________________________________________________
None
```

图 7-13　改进后的 LeNet-5 卷积模型结构

由于模型结构和参数已经改变，因此我们需要对模型进行重新训练，具体代码如下。

```
model.compile(loss = 'categorical_crossentropy', optimizer = 'adam', metrics =
['accuracy'])
train_history = model.fit(x = x_Train4D_normalize,
                          y = y_TrainOneHot, validation_split = VALIDATION_SPLIT,
                          epochs = EPOCH, batch_size = BATCH_SIZE, verbose = VERBOSE)
```

得到的结果如下

```
Train on 48000 samples, validate on 12000 samples
Epoch 1/20
 - 250s - loss: 0.6406 - acc: 0.7660 - val_loss: 0.4064 - val_acc: 0.8569
......
Epoch 20/20
 - 253s - loss: 0.1345 - acc: 0.9496 - val_loss: 0.2098 - val_acc: 0.9250
```

可以发现，加入卷积神经网络后，模型的训练时间变长了，这是因为每个 Epoch 的训练时长由 50 s 左右变为了 250 s 左右。

7.5.3 训练和评估改进后的 LeNet-5 卷积模型

下面我们评估改进后的 LeNet-5 卷积模型是否变得更好。首先绘制训练过程中的准确率和损失值曲线，具体代码如下。得到的结果如图 7-14 所示。

```
# 定义绘制训练过程的函数图像
def show_train_history(train_history, train, validation):
    plt.plot(train_history.history[train])
    plt.plot(train_history.history[validation])
    plt.title('Train history')
    plt.ylabel(train)
    plt.xlabel('Epoch')
    plt.legend(['train', 'validation',], loc = 'upper left')
    plt.show()
show_train_history(train_history, 'acc', 'val_acc')
show_train_history(train_history, 'loss', 'val_loss')
```

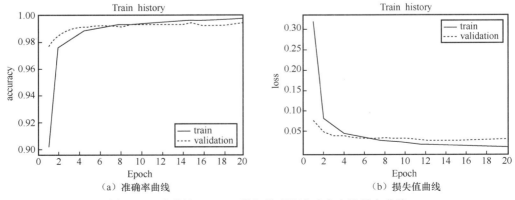

（a）准确率曲线　　　　　　　　　（b）损失值曲线

图 7-14　改进的 LeNet-5 卷积模型的准确率和误差率曲线

通过对比图 7-15 和图 7-5 可以发现,每个 Epoch 得到的纵坐标结果的精度有所提升,这说明优化后的 LeNet-5 卷积模型的精度相比于多层感知机有所提升,且过拟合程度较轻。最后,我们使用测试集评估模型的准确率,具体代码如下。

```
scores = model.evaluate(x_Test4D_normalize, y_TestOneHot)
print(scores[1])
```

得到的结果如下。

```
10000/10000 [==============================] - 5s 458us/step
0.9916
```

可以看出,改进后 LeNet-5 卷积模型的准确率为 0.949 6,较多层感知机有较大提升。

7.5.4 预测测试集

我们使用改进的 LeNet-5 卷积模型对测试集进行预测,并选取部分样本查看预测结果,具体代码如下。

```
result_class = model.predict_classes(x_Test4D)
show_images_set(X_test_image, y_test_label, result_class, idx = 40, alias =
CLASSES_NAME)
```

得到的预测结果如图 7-15 所示,其中,括号外的内容为样本标签,括号内的内容为预测结果,×表示预测错误。可以看出,有 4 个样本的预测结果错误。

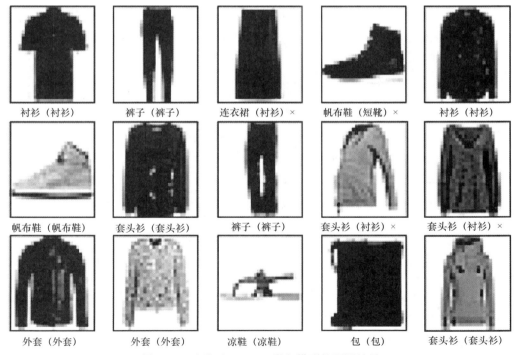

图 7-15 改进后 LeNet-5 卷积模型的预测结果

针对样本预测错误的结果,我们需要建立混淆矩阵,以直观地发现哪些类别容易发生混淆。具体代码如下。

```
# 使用 pandas 库
import pandas as pd
pd.crosstab(y_test_label, result_class, rownames = ['label'], colnames = ['predict'])
```

得到的混淆矩阵如下。

label	predict									
	0	**1**	**2**	**3**	**4**	**5**	**6**	**7**	**8**	**9**
0	748	2	11	17	4	1	206	0	11	0
1	1	986	0	7	3	0	2	0	1	0
2	11	2	750	6	136	0	93	0	2	0
3	6	10	5	889	43	0	45	0	2	0
4	0	1	10	11	936	0	40	0	2	0
5	0	0	0	0	0	994	0	4	0	2
6	44	1	25	19	89	0	819	0	3	0
7	0	0	0	0	0	19	0	956	1	24
8	2	0	0	1	8	1	5	1	982	0
9	0	0	0	0	0	8	1	27	0	964

可以看出，最容易被预测错误的是 0（圆领短袖 T 恤）和 6（衬衫），0 被预测为 6 共 206 次；其次容易被预测错误的是 2（套头衫）和 4（外套），2 被预测为 4 共 136 次。

我们使用 DataFrame 分析混淆情况，查看数据集中所有数据标签和预测结果的对比情况，具体代码如下。

```
# 创建 DataFrame
dic = {'label':y_test_label, 'predict':result_class}
df = pd.DataFrame(dic)
# T 是将矩阵转置，方便查看数据
df.T
```

得到的结果如下。

结果	0	1	2	3	4	5	6	7	8	9	……	9990	9991	9992	9993	9994	9995	9996	9997	9998	9999
label	9	2	1	1	6	1	4	6	5	7	……	5	6	8	9	1	9	1	8	1	5
predict	9	2	1	1	6	1	4	6	5	7	……	5	6	8	9	1	9	1	8	1	8

接下来我们查看 2（套头衫）和 4（外套）的混淆情况，并显示混淆数据序号，具体代码如下。

```
df[(df.label == 2) & (df.predict == 4)].T
```

得到的结果如下。

结果	74	227	255	457	511	……	9648	9743	9784	9946
label	2	2	2	2	2	……	2	2	2	2
Predict	4	4	4	4	4	……	4	4	4	4

这里选择图像序号为 74 的数据进行查看，具体代码如下。

```
show_image(X_test_image, y_test_label, 74, CLASSES_NAME)
```

得到的结果如图 7-16 所示。

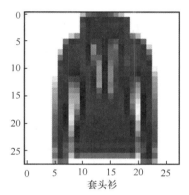

图 7-16　图像序号为 74 的样本数据

同样地，我们查看 4（外套）和 6（衬衫）的混淆情况，具体代码如下。

```
# 查看 4(外套)和 6(衬衫)的混淆情况
df[(df.label == 4) & (df.predict == 6)].T
```

结果	396	476	558	905	1055	……	8296	8933	8958
label	4	4	4	4	4	……	4	4	4
Predict	6	6	6	6	6	……	6	6	6

这里选择图像序号为 476 的数据进行查看，具体代码如下。

```
show_image(X_test_image, y_test_label, 476, CLASSES_NAME)
```

得到的结果如图 7-17 所示。

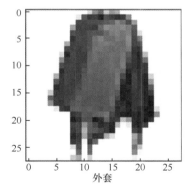

图 7-17　图像序号为 476 的样本数据

7.5.5　保存改进后的 LeNet-5 卷积模型

我们将训练好的模型保存为 JSON 格式文件，具体代码如下。

```
from keras.models import model_from_json
import json
# 将模型的结构转换成 JSON 格式文件
model_json = model.to_json()
# 格式化 JSON 文件方便阅读
model_dict = json.loads(model_json)
model_json = json.dumps(model_dict, indent=4, ensure_ascii = False)
# 将 JSON 格式文件保存到当前目录下
with open("./fashion_mnist_model_json.json",'w') as json_file:
    json_file.write(model_json)
```

我们也可以将模型保存为 h5 格式，具体代码如下。

```
from keras.models import load_model
# 保存训练好的模型权重
model.save('fashion_mnist_mode_v1.h5')
```

7.6 预测自然测试集

所谓自然测试集，是指 Fashion MNIST 数据集之外的，使用者自己收集的一些图像。本节将使用自然测试集进行预测，检验改进后的 LeNet-5 卷积模型的预测效果。读者可以通过本书配套资源获取自然测试集，存储路径为 img_sets 文件夹。

7.6.1 预处理图像

要使用自然图像进行预测，就要对这些图像先进行预处理，将图像转换成 NumPy 数组的形式，并且设置图像属性。我们选用计算机视觉库 OpenCV 对这些图像进行处理，具体代码如下。

```
import cv2
import numpy as np
import os
import matplotlib.pyplot as plt
# img_sets 是自然测试的存储位置，图像均为 JPG 格式
path = "img_sets"
imgs = []
labs = []
for i, filename in enumerate(os.listdir(path)):
    if filename.endswith(".jpg"):
        _path = os.path.join(path , filename)
        # OpenCV 读取图像
        img = cv2.imread(_path)
        # 将图像添加至列表中
        imgs.append(img)
        # 从文件名中获取 label
        lab = filename[4:5]
```

```
        labs.append(int(lab))
show_images_set(imgs, labs, [], idx = 0, num = 8, alias = CLASSES_NAME)
```

在上面代码中，我们查看了自然测试集中的 8 幅图像，得到的结果如图 7-18 所示。

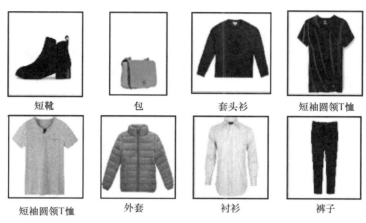

| 短靴 | 包 | 套头衫 | 短袖圆领T恤 |
| 短袖圆领T恤 | 外套 | 衬衫 | 裤子 |

图 7-18　自然测试集中的样本数据（8 幅）

我们将图像统一处理为灰度图，并转换成向量，具体代码如下。

```
# 查看图像数据
imgs
[array([[[255, 255, 255],
        [255, 255, 255],
        [255, 255, 255],
        ...
        [255, 255, 255],
        [255, 255, 255],
        [255, 255, 255]]], dtype = uint8)]
X_img = []
for img in imgs :
    # 将图像转换成灰度图
    img = cv2.cvtColor(img, cv2.COLOR_BGR2GRAY)
    img = img - 255
    img = cv2.resize(img, (28, 28))
    X_img.append(img)
X_img = np.array(X_img)
# 图像转换成向量
X_img_4d = X_img.copy()
X_img_4d = X_img_4d.reshape(X_img.shape[0],28,28,1).astype('float32')
```

7.6.2　预测结果

我们导入优化后的模型，对自然图像样本数据进行测试，具体代码如下。

```
import keras
from keras.models import load_model
```

```
model_fashion_v1 = load_model('fashion_mnist_mode_v1.h5')
res = model_fashion_v1.predict_classes(X_img_4d)
show_images_set(imgs, labs, res, idx = 0, num = 8, alias = CLASSES_NAME)
```

得到的结果如图 7-19 所示。

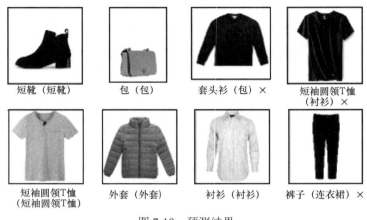

图 7-19　预测结果

7.7　本章小结

本章介绍了搭建 LeNet-5 卷积模型，并用其来识别 Fashion MNIST 数据集。本章中的代码同样可以用于识别 MNIST 手写字符集，感兴趣的读者可以尝试实现。

学完本章，读者需要掌握如下知识点。

（1）熟悉 Fashion MNIST 数据集的特点，了解此数据集有什么类型的数据。

（2）掌握 LeNet-5 卷积模型的网络结构，了解每一层的名称，以及每个层的输入和输出。

（3）掌握搭建 LeNet-5 卷积模型的设置参数。

第 **8** 章

项目 2：识别 CIFAR-10 数据集

CIFAR-10 数据集是专用于图像识别的数据集，由 10 种类别的 32 像素 × 32 像素的彩色图像组成，这 10 种类别分别是狗、青蛙、马、船、卡车、飞机、汽车、鸟、猫、鹿。相比于 MNIST 数据集和 Fashion MNIST 数据集，CIFAR-10 数据集中图像的色彩更丰富，颜色噪点也较多，例如卡车类图像中有各种大小、各种角度、各种颜色的卡车，因此，CIFAR-10 数据集的识别难度会大很多。

- 掌握 CIFAR-10 数据集的下载与查看方法。
- 能够搭建卷积神经网络模型，识别 CIFAR-10 数据集中的图像。
- 掌握提升卷积神经网络模型准确率的方法。

8.1 准备工作

在任意路径下创建一个文件夹，用来存储项目文件。Windows 操作系统中可直接使用图形化界面单击鼠标右键的方式新建文件夹，Linux 操作系统或 macOS 操作系统中可使用 mkdir 命令创建文件夹。例如，创建的文件夹名为 cifar-10，在 Linux 操作系统中可使用如下命令进行创建。

```
ubuntu@localhost:~$ mkdir  cifar-10
```

我们将前几章中定义的函数统一收集到同一个文件中，并将该文件命名为 simple_utils.py，这样调用函数更方便，代码更简洁。下面我们提前运行将会用到的函数，以便后文中直接调用，具体代码如下。

```
# 这是 simple_utils.py 文件内从函数，导入即可
import numpy as np
import matplotlib.pyplot as plt
from keras.models import Model
from matplotlib.font_manager import FontProperties
# 显示训练过程的函数
def show_train_history(train_history, train, validation):
  plt.plot(train_history.history[train])
  plt.plot(train_history.history[validation])
  plt.title('Train history')
  plt.ylabel(train)
  plt.xlabel('Epoch')
  plt.legend(['train', 'validation',], loc = 'upper left')
  plt.show()

# 获取某一层中预测结果的函数
def get_layer_output(model, layer_name, data_set):
  try:
      out = model.get_layer(layer_name).output
  except:
      raise Exception('Error layer named {}!'.format(layer_name))

  conv1_layer = Model(inputs = model.inputs, outputs = out)
  res = conv1_layer.predict(data_set)
  return res


# 中文字体可以从网络上下载，也可以从本书的配套资源中获取
font_zh = FontProperties(fname = './fz.ttf')
# 输出图像和标签的函数
def show_image(images, labels, idx, alias = []):
  fig = plt.gcf()
  plt.imshow(images[idx], cmap = 'binary')
  if alias:
```

```
            plt.xlabel(str(CLASSES_NAME[labels[idx]]), fontproperties = font_zh,
            fontsize = 15)
        else:
            plt.xlabel('label:'+str(labels[idx]), fontsize = 15)
        plt.show()

# 输出多幅图像和多个数字的函数
def show_images_set(images, labels, prediction, idx, num = 15, alias = []):
    fig = plt.gcf()
    fig.set_size_inches(14, 14)
    for i in range(0, num):
        color = 'black'
        tag = ''
        ax = plt.subplot(5, 5, 1+i)
        ax.imshow(images[idx], cmap = 'binary')
        if len(alias)>0:
            title = str(alias[labels[idx]])
        else:
            title = "label:"+str(labels[idx])
        if len(prediction)>0:
            if prediction[idx] != labels[idx]:
                color = 'red'
                tag = 'x'
            if alias:
                title += "("+str(alias[prediction[idx]])+")" + tag
            else:
                title += ",predict = "+str(prediction[idx])
        ax.set_title(title, fontproperties = font_zh, fontsize = 13,
        color = color)
        ax.set_xticks([])
        ax.set_yticks([])
        idx += 1
    plt.show()

def show_images_set_cifar(images, labels, prediction, idx, num = 15, alias = []):
    fig = plt.gcf()
    fig.set_size_inches(14, 14)
    for i in range(0, num):
        color = 'black'
        tag = ''
        ax = plt.subplot(5, 5, 1+i)
        ax.imshow(images[idx],cmap = 'binary')
        if len(alias)>0:
            title = str(alias[labels[idx][0]])
        else:
            title = "label:"+str(labels[idx][0])
        if len(prediction)>0:
            if prediction[idx] != labels[idx][0]:
                color = 'red'
                tag = 'x'
```

```
        if alias:
            title += "("+str(alias[prediction[idx]])+")" + tag
        else:
            title += ",predict = "+str(prediction[idx])
    ax.set_title(title, fontproperties = font_zh, fontsize = 13, color = color)
    ax.set_xticks([])
    ax.set_yticks([])
    idx += 1
plt.show()
```

上面代码的运行结果如下。

```
Using TensorFlow backend.
```

我们将 simple_utils.py 文件和中文字体文件 fz.ttf 放入 cifar-10 文件夹，并回到 cifar-10 文件夹，具体代码如下。

```
cd cifar-10
jupyter notebook
```

8.2 下载和查看数据集

CIFAR-10 数据集有 60 000 幅 32 像素×32 像素的彩色图像，其中，训练集有 50 000 幅，测试集有 10 000 幅。CIFAR-10 数据集的 10 种类别分别对应不同的标签值，具体为：

标签	0	1	2	3	4	5	6	7	8	9
分类	飞机	汽车	鸟	猫	鹿	狗	青蛙	马	船	卡车

读者可以登录 CIFAR-10 数据集官网，查看更多的信息。CIFAR-10 数据集官网界面如图 8-1 所示。

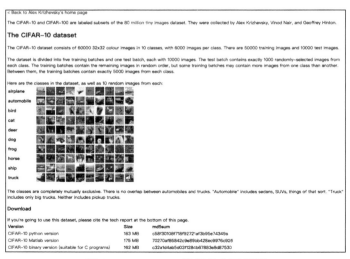

图 8-1　CIFAR-10 数据集官网界面

8.2.1　下载数据集

1．使用 Keras 自动下载

CIFAR-10 数据集可以使用 Keras 的 load_data 方法进行下载。调用该方法后，Keras 会判断本地有没有数据集，如果没有则会自动下载数据集。使用 Keras 自动下载 CIFAR-10 数据集的代码如下。

```
from keras.datasets import cifar10
import numpy as np

# 如果是第一次使用，则需要下载一段时间
(x_img_train, y_label_train), (x_img_test, y_label_test) = cifar10.load_data()
Using TensorFlow backend.
```

2．手动下载

如果 CIFAR-10 数据集的下载速度太慢或者下载失败，那么可以从本书配套资源中进行获取，下载的文件名为 cifar-10-batches-py.tar.gz（或 cifar-10-batches-py.tar）。

如果是 Windows 操作系统，那么 cifar-10-batches-py.tar.gz 文件下载后会存储在 C:/Users/*xxxx*.keras/datasets 目录下。

如果是 Linux 操作系统或 macOS 操作系统，那么 cifar-10-batches-py.tar.gz 文件下载后会存储在~/Users/*xxxx*/.keras/目录下。

说明：*xxxx* 表示当前用户名。

8.2.2　查看训练数据

CIFAR-10 数据集和 MNIST 数据集有很多相似的地方，例如都有 10 种类别，而且每个分类都有图像和标签。查看训练集和测试集中图像数量的代码如下。

```
from keras.datasets import cifar10
import numpy as np
(x_img_train, y_label_train), (x_img_test, y_label_test) = cifar10.load_data()
print('train:', len(x_img_train))
print('test:', len(x_img_test))
```

上面代码的运行结果如下。可以看出，训练集（train）的数据量为 50 000，测试集（test）的量为 10 000。

```
train: 50000
test: 10000
```

下面我们查看训练集中数据的维度情况，具体代码如下。

```
x_img_train.shape
```

得到的结果如下。

```
(50000, 32, 32, 3)
```

可以看出，训练集中图像的分辨率为 32 像素×32 像素；色彩通道为 3 个，分别是 R、G、B 通道。

simple_utils.py 模块中有多个函数，其中包括常用的 show_images_set 函数。我们使用它来查看训练集图像，具体代码如下。

```
from simple_utils import *

# 分别定义中/英文的标签字典，主要目的是便于查看当前标签属性
classes_name = {
0:"airplane", 1:"automobile", 2:"bird", 3:"cat", 4:"deer", 5:"dog", 6:"frog",
7:"horse", 8:"ship", 9:"truck"}
classes_name_ch = {
0:"飞机", 1:"汽车", 2:"鸟", 3:"猫", 4:"鹿", 5:"狗", 6:"青蛙", 7:"马", 8:"船", 9:"卡车"}
show_images_set_cifar(images = x_img_train, labels = y_label_train, prediction =
[], idx = 0, alias = classes_name_ch)
```

上面代码的运行结果如下，表示在一个 1 400 像素×1 400 像素的画布上创建 15 个绘图区域。

```
<Figure size 1400x1400 with 15 Axes>
```

8.3 搭建模型识别 CIFAR-10 数据集

本节我们将一步步搭建卷积神经网络模型并识别 CIFAR-10 数据集，其中包括数据集预处理、搭建模型、训练模型、测试模型等步骤。

8.3.1 预处理数据集

我们先对数据集进行处理，之后再开始训练，具体代码如下。

```
(x_img_train, y_label_train), (x_img_test, y_label_test) = cifar10.load_data()
# 查看图像中第 1 个像素的参数
x_img_train[0][0][0]
```

上面代码的运行结果如下。

```
array([59, 62, 63], dtype = uint8)
```

可以看出，图像第 1 个像素的参数是[59,62,63]，其中，59 表示 R 通道的值，62 表示 G 通道的值，63 表示 B 通道的值。我们在后面需要用到 RGB 通道的值，为了方便生成器更容易模拟这些数据，对数据进行归一化处理。

```
# 将数据集进行数字标准化
x_img_train_normalize = x_img_train.astype('float32') / 255.0
x_img_test_normalize = x_img_test.astype('float32') / 255.0
# 查看归一化处理后图像中第 1 个像素的参数
x_img_train_normalize[0][0][0]
```

上面代码的运行结果如下。

```
array([0.23137255, 0.24313726, 0.24705882], dtype = float32)
```

此外，标签数据也需要进行处理。我们先查看前 4 个标签，具体代码如下。

```
# 查看前 4 个标签
y_label_train[:4]
```

　　上面代码的运行结果如下。

```
array([[6],
       [9],
       [9],
       [4]], dtype = uint8)
```

　　接下来，我们使用 one-hot 编码来处理标签数据，具体代码如下。

```
# 使用 one-hot 编码来处理标签数据
from keras.utils import np_utils
y_label_train_OneHot = np_utils.to_categorical(y_label_train)
y_label_test_OneHot = np_utils.to_categorical(y_label_test)
# 查看处理完后的 one-hot 编码形式数据
y_label_train_OneHot[:4]
```

　　上面代码的运行结果如下。

```
array([[0., 0., 0., 0., 0., 0., 1., 0., 0., 0.],
       [0., 0., 0., 0., 0., 0., 0., 0., 0., 1.],
       [0., 0., 0., 0., 0., 0., 0., 0., 0., 1.],
       [0., 0., 0., 0., 1., 0., 0., 0., 0., 0.]], dtype = float32)
```

8.3.2　搭建模型

　　相比于 MNIST 数据集，CIFAR-10 数据集的图像识别难度更大，因此，相应的卷积神经网络模型中需要采用更多的卷积层，这样能提高图像识别的准确率。下面我们根据这个思路搭建模型。

　　我们设置模型的各类参数：设置分类的类别数为 10；输入层数量为（32, 32, 3）；验证集的划分比例为 0.2；训练周期为 10；单批次数据量为 128；训练日志打印模式 VERBOSE=1，这样打印的信息更加详细；最后设置损失函数与优化器，具体代码如下。

```
from keras.models import Sequential
from keras.layers import Dense, Dropout, Activation, Flatten
from keras.layers import Conv2D, MaxPool2D, ZeroPadding2D
# 设置模型参数
# 分类的类别数
CLASSES_NB = 10
# 模型输入层数量
INPUT_SHAPE = (32, 32, 3)
# 验证集的划分比例
VALIDATION_SPLIT = 0.2
# 训练周期，这边设置 10 个周期即可
EPOCH = 10
# 单批次数据量
BATCH_SIZE = 128
# 训练日志打印形式
VERBOSE = 1
# 损失函数
LOSS = 'categorical_crossentropy'
# 优化器
```

```
OPTIMIZER = 'adam'
# 训练指标
METRICS = ['accuracy']
```

在模型参数中，损失函数 LOSS 是非常重要的参数，在二分类场景中通常选用交叉熵损失函数 binary_crossentropy；在多分类场景且激活函数是 softmax 函数时，通常使用多分类交叉熵损失函数 categorical_crossentropy。在上面代码中，我们使用的损失函数是后者。

在深度学习中，损失函数的作用是检验模型的优劣。同时，损失函数还可以用于提升算法模型，这个提升过程被称为优化。常用的优化函数有以下几种。

SGD（Stochastic Gradient Descent，随机梯度下降）函数：根据每条数据计算损失函数的梯度，需要频繁更新参数。

BGD（Batch Gradient Descent，批量梯度下降）函数：根据整个数据集计算损失函数的梯度，梯度参数更新次数少。

Mini-BGD（Mini-Batch Gradient Descent，小批量数据进行梯度下降）函数：数据量介于 SGD 函数和 BGD 函数之间，根据小批量数据整体计算损失函数的梯度。

Momentum（冲量算法）函数：为避免局部最优的出现而设计的函数，该函数更新梯度时会保留之前的方向，稳定性较好。

Adagrad（Adaptive Gradient，自适应梯度算法）函数：SGD 函数的改进版，也就是每个参数有自己的学习率。这里的学习率是和每个参数的梯度相关的，而且是累积的。算出一个参数的梯度之后，算法会去计算累积的平方梯度。如果这个参数已经多次被更新，二阶动量大，那么其学习率就小；反之更新次数少的参数就会有一个比较大的学习率。

RMSProp（Root Mean Square Propagation，前向均方根梯度下降）函数：一种自适应学习率方法，是为解决 Adagrad 函数学习率急剧下降的问题而设计的函数。RMSProp 就是将动量累积和当前时刻的梯度做了一个加权求和（滑动平均），这么做的目的是让之前的梯度对当前影响变小。而 Adagrad 函数会累加之前所有的梯度平方。

Adam（Adaptive Moment Estimation，自适应矩估计）函数：兼具 RMSProp 函数和 Momentum 函数的优点，每一次迭代学习率有一个明确的范围，这使得参数的变化很平稳。搭建模型的代码如下。

```
model = Sequential()
# 建立卷积层
model.add(Conv2D(filters = 32, kernel_size = (3,3),
        input_shape = INPUT_SHAPE,
        padding = 'same'))
model.add(Activation('relu'))
model.add(Dropout(rate = 0.25))
model.add(MaxPool2D(pool_size = (2,2)))
# 建立卷积层
model.add(Conv2D(filters = 64, kernel_size = (3,3), padding = 'same'))
model.add(Activation('relu'))
model.add(Dropout(rate = 0.25))
model.add(MaxPool2D(pool_size = (2,2)))
# 建立平坦层
model.add(Flatten())
model.add(Dropout(rate = 0.25))
```

```
# 建立隐藏层,共 1024 个神经元
model.add(Dense(1024))
model.add(Dropout(rate = 0.25))
# 建立输出层
model.add(Dense(CLASSES_NB))
model.add(Activation('softmax'))
# 查看摘要
print(model.summary())
```

上面代码的运行结果如下。可以看出整个模型共有 4 224 970 个参数，这些都是可训练参数。

```
WARNING: Logging before flag parsing goes to stderr.
W0115 00:57:27.912718 4579980736 deprecation_wrapper.py:119] From /opt/
conda3/lib/python3.6/site-packages/keras/backend/tensorflow_backend.py:4070:
The name tf.nn.max_pool is deprecated. Please use tf.nn.max_pool2d instead.
Model: "sequential_1"
```

Layer (type)	Output Shape	Param #
conv2d_1(Conv2D)	(None,32,32,32)	896
activation_1(Activation)	(None,32,32,32)	0
dropout_1(Dropout)	(None,32,32,32)	0
max_pooling2d_1(MaxPooling2D)	(None,16,16,32)	0
conv2d_2(Conv2D)	(None,16,16,64)	18496
activation_2(Activation)	(None,16,16,64)	0
dropout_2(Dropout)	(None,16,16,64)	0
max_pooling2d_2(MaxPooling2D)	(None,8,8,64)	0
flatten_1(Flatten)	(None,4096)	0
dropout_3(Dropout)	(None,4096)	0
dense_1(Dense)	(None,1024)	4195328
dropout_4(Dropout)	(None,1024)	0
dense_2(Dense)	(None,10)	10250
activation_3(Activation)	(None,10)	0

```
Total params: 4,224,970
Trainable params: 4,224,970
Non-trainable params: 0
```

```
None
```

至此，识别 CIDAR-10 数据集的模型已搭建好，其结构如图 8-2 所示。

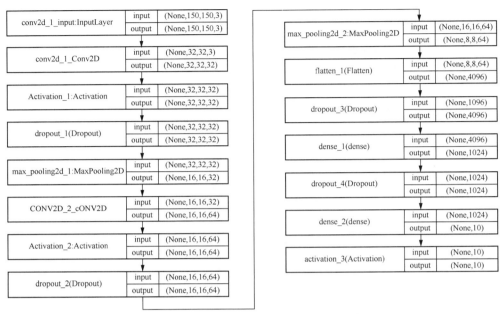

图 8-2 识别 CIFAR-10 数据集的模型结构

8.3.3 训练模型

模型已经搭建好了，接下来我们定义训练方式，将相关数据作为参数传入。我们使用反向传播算法来训练模型，具体代码如下。

```
# 定义训练方式
model.compile(loss = LOSS, optimizer = OPTIMIZER, metrics = METRICS)
# 开始训练
train_history = model.fit(x_img_train_normalize,
                          y_label_train_OneHot,
                          validation_split = VALIDATION_SPLIT,
                          epochs = EPOCH,
                          batch_size = BATCH_SIZE,
                          verbose = VERBOSE)
```

上面代码的运行结果如下。

```
Train on 40000 samples, validate on 10000 samples
Epoch 1/10
40000/40000 [==============================] - 102s 3ms/step -
loss: 1.6239 - acc: 0.4218 - val_loss: 1.3960 - val_acc: 0.5494
……
Epoch 9/10
40000/40000 [==============================] - 102s 3ms/step -
loss: 0.8777 - acc: 0.6935 - val_loss: 1.0472 - val_acc: 0.6377
Epoch 10/10
40000/40000 [==============================] - 101s 3ms/step -
loss: 0.8509 - acc: 0.7028 - val_loss: 0.9522 - val_acc: 0.6786
```

我们在这里使用 CPU 进行训练，而 CPU 的训练时间会比较长。如果读者有 GPU，我们建议采用 GPU 进行训练，这样可以大大缩短训练时长。

为了防止训练好的模型丢失，我们将模型权重保存为 h5 格式，具体代码如下。

```
from keras.models import load_model

# 保存训练好的模型权重
model.save('cifar_10_weights_v1.h5')
```

8.3.4 测试模型

我们使用可视化方式展示模型在训练过程中的准确率和损失值。展示准确率的代码如下，得到的曲线如图 8-3 所示。

```
# 展示准确率
show_train_history(train_history, 'acc', 'val_acc')
```

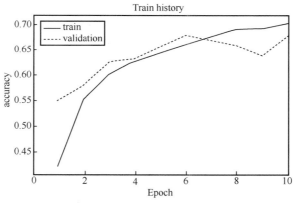

图 8-3 模型训练过程中的准确率曲线

展示损失值的代码如下，得到的曲线如图 8-4 所示。

```
# 展示误差率
show_train_history(train_history, 'loss', 'val_loss')
```

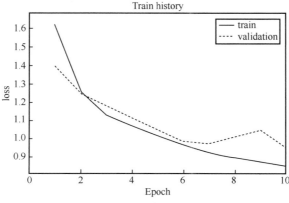

图 8-4 模型训练过程中的损失值曲线

接下来，我们使用测试集来评估模型的预测准确率，具体代码如下。

```
# 读取保存的模型权重
# model = load_model('cifar_10_weights_v1.h5')
# 评估模型的预测准确率
scores = model.evaluate(x_img_test_normalize, y_label_test_OneHot, verbose=1)
scores[1]
10000/10000 [==============================] - 8s 803us/step
0.6762
```

由评估结果可知，该模型的预测准确率是 0.676 2。

待模型训练完成后，我们用其对测试集进行预测，并将部分结果展现出来。我们使用 predict_classes 函数执行分类预测，使用 predict 函数执行分类的概率预测，具体代码如下。

```
# 执行分类预测，该函数可直接得出预测的分类结果
result_predicition = model.predict_classes(x_img_test_normalize)
# 执行分类的概率预测，该函数的执行结果为各个样本在这 10 个分类中相应的概率分布
result_Predicted_Probability = model.predict(x_img_test_normalize)
```

接下来，我们以两种数据形式查看预测结果，首先查看 predict_classes 函数运行的前 5 个结果，具体代码如下。

```
result_predicition[:5]
```

输出结果如下。

```
array([3, 8, 8, 8, 6])
```

然后我们查看 predict 函数运行的前 5 个结果，具体代码如下。

```
# 查看 predict 函数输出的前五项结果
result_Predicted_Probability[:5]
```

输出结果如下。

```
array([[5.34182461e-03, 8.43905087e-04, 2.47942265e-02, 6.79585218e-01,
        1.15932385e-02, 1.57841340e-01, 7.67891034e-02, 1.13944465e-03,
        3.67129333e-02, 5.35872672e-03],
       [1.79930497e-02, 1.50872976e-01, 1.14271745e-04, 1.70455955e-04,
        3.50254413e-05, 6.06207213e-05, 1.00560393e-03, 9.40183145e-06,
        8.04287553e-01, 2.54510436e-02],
       [2.03795120e-01, 8.24226364e-02, 3.03464085e-02, 4.04787622e-02,
        4.85980920e-02, 1.76508557e-02, 1.41626010e-02, 2.07500905e-02,
        4.57205743e-01, 8.45896080e-02],
       [3.24155211e-01, 9.89760160e-02, 2.32543647e-02, 4.33047023e-03,
        1.53712267e-02, 8.68870527e-04, 6.41026767e-03, 1.86687789e-03,
        5.20241618e-01, 4.52505238e-03],
       [4.31240587e-05, 1.93625048e-03, 2.40663663e-02, 3.37878950e-02,
        4.20266427e-02, 3.51430639e-03, 8.92321646e-01, 1.03993967e-04,
        1.98488263e-03, 2.14810600e-04]], dtype=float32)
```

由上面的输出结果可知，直接通过数据查看结果并不方便，因此，我们采用可视化方式展现 predict_classes 函数的输出结果，随机查看 15 个预测结果。具体代码如下，得到的结果如图 8-5 所示。

```
show_images_set_cifar(x_img_test, y_label_test, result_predicition, idx = 40,
alias = classes_name_ch)
```

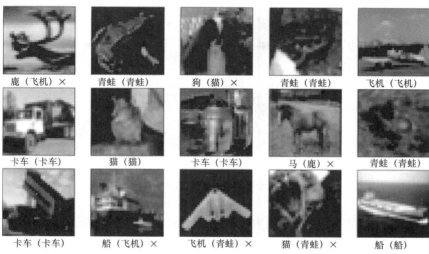

图 8-5　predict_classes 函数的预测结果

从图 8-5 中可以发现，有 6 个预测结果是错的。

接下来，我们查看每个分类的概率值。首先，我们在 simple_utils.py 中定义分类概率
show_Predicted_Probability 函数，并通过它计算每一个分类的概率值。然后，我们运行该
函数，查看第 29 个数据的预测结果，具体代码如下。

```
# 定义 show_Predicted_Probability 函数
def show_Predicted_Probability(y, prediction, x_img, Predicted_Probability,
label_dict, i):
    print('真实结果:', label_dict[y[i][0]])
    print('预测结果:', label_dict[prediction[i]])
    plt.figure(figsize = (2,2))
    plt.imshow(np.reshape(x_img_test[i], (32,32,3)))
    plt.show()
    for j in range(10):
        print(label_dict[j] + '概率:%1.9f'%(Predicted_Probability[i][j]))
# 查看第 29 个数据的概率
show_Predicted_Probability(y_label_test, result_predicition, x_img_test,
result_Predicted_Probability, classes_name_ch, 28)
```

上面代码的运行结果如下，真实结果如图 8-6 所示。

```
真实结果：卡车
预测结果：卡车
飞机 概率:0.002581297
汽车 概率:0.054180630
鸟 概率:0.002744253
猫 概率:0.008493958
鹿 概率:0.004325509
狗 概率:0.005801335
青蛙 概率:0.001365718
马 概率:0.006288551
船 概率:0.000617654
卡车 概率:0.913601160
```

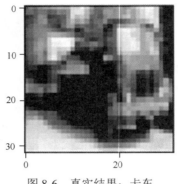

图 8-6　真实结果：卡车

从输出结果可以发现，预测结果给出了 10 个分类的概率，其中概率最高的分类是卡车（约 0.913 6），而其他分类的概率都很低。概率最高的分类会被作为第 29 个数据的预测结果。

我们再查看第 43 个数据的预测结果，具体代码如下。

```
# 查看第 43 个数据的概率
show_Predicted_Probability(y_label_test, result_predicition, x_img_test,
result_Predicted_Probability, classes_name_ch, 42)
```

上面代码的运行结果如下，真实结果如图 8-7 所示。

```
真实结果：狗
预测结果：猫
飞机 概率:0.000712479
汽车 概率:0.001275811
鸟 概率:0.016505195
猫 概率:0.577500820
鹿 概率:0.033857882
狗 概率:0.277522773
青蛙概率:0.001494592
马 概率:0.043435745
船 概率:0.003604528
卡车 概率:0.044090137
```

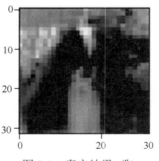

图 8-7　真实结果：狗

可以看出，本次预测结果错误，将狗预测为猫。从预测的概率分布来看，分类为猫的概率约是 0.577 5，分类为狗的概率却只有约 0.277 5。

哪些分类容易预测错误？哪些分类容易发生混淆？通过建立混淆矩阵，我们可以很方便地了解这些情况。在建立混淆矩阵前，我们先把两个数据——预测数据与测试数据——的维度转成一样。当前 y_label_test 的维度为 (10 000,1)，因而我们需要对其先进行转换，具体代码如下。

```
# 对比两个数组的维度
y_label_test.shape, result_predicition.shape
((10000, 1), (10000,))
# 将 y_label_test 转为一维数组
y_label_test.reshape(-1).shape
(10000,)
# 建立混淆矩阵
import pandas as pd
print(classes_name_ch)
pd.crosstab(y_label_test.reshape(-1), result_predicition, rownames = ['label'],
colnames = ['predict'])
```

上面代码的运行结果有两个，分别是类别名和混淆矩阵，具体如下。

```
{0: '飞机', 1: '汽车', 2: '鸟', 3: '猫', 4: '鹿', 5: '狗', 6: '青蛙', 7: '马',
8: '船', 9: '卡车'}
```

label	predict									
	0	**1**	**2**	**3**	**4**	**5**	**6**	**7**	**8**	**9**
0	709	9	64	10	35	6	9	6	139	13
1	43	791	7	20	15	3	12	3	60	46
2	61	4	532	60	204	49	56	12	19	3
3	22	4	99	490	144	123	79	11	24	4
4	18	2	53	34	806	13	44	13	16	1
5	18	0	76	197	128	506	31	21	20	3
6	4	3	40	61	98	8	770	2	13	1
7	25	1	55	52	218	53	3	579	10	4
8	43	23	19	9	17	6	7	0	872	4
9	64	111	19	23	22	10	15	9	86	641

由混淆矩阵可以看出，猫（3）和狗（5）很容易发生混淆，其中猫被识别为狗的次数为 123，狗被识别为猫的次数为 197。此外，猫（3）也很容易被识别为鹿（4），被混淆识别的次数为 144 次。

8.4　加深模型的网络结构

当前模型的准确率偏低，只有 0.676 2。接下来，我们将通过增加卷积层的数量和周期的数量来达到提高模型准确率的目的，具体代码如下。

```
from keras.models import Sequential
```

```
from keras.layers import Dense, Dropout, Activation, Flatten
from keras.layers import Conv2D, MaxPool2D, ZeroPadding2D

# 设置模型参数和训练参数
# 分类的类别
CLASSES_NB = 10
# 模型输入层数量
INPUT_SHAPE = (32, 32, 3)
# 验证集划分比例
VALIDATION_SPLIT = 0.2
# 训练周期，这边设置 10 个周期即可
EPOCH = 15
# 单批次数据量
BATCH_SIZE = 128
# 训练日志打印形式
VERBOSE = 1
# 损失函数
LOSS = 'categorical_crossentropy'
# 优化器
OPTIMIZER = 'adam'
# 训练指标
METRICS = ['accuracy']
model_v2 = Sequential()

# 建立卷积层
model_v2.add(Conv2D(filters = 32, kernel_size = (3,3),input_shape = INPUT_SHAPE,
padding = 'same'))
model_v2.add(Activation('relu'))
model_v2.add(Dropout(rate = 0.3))

# 建立卷积层
model_v2.add(Conv2D(filters = 32, kernel_size = (3,3), padding = 'same'))
model_v2.add(Activation('relu'))
model_v2.add(MaxPool2D(pool_size = (2,2)))

# 建立卷积层
model_v2.add(Conv2D(filters = 64, kernel_size = (3,3), padding = 'same'))
model_v2.add(Activation('relu'))
model_v2.add(Dropout(rate = 0.25))

# 建立卷积层
model_v2.add(Conv2D(filters = 64, kernel_size = (3,3), padding = 'same'))
model_v2.add(Activation('relu'))
model_v2.add(MaxPool2D(pool_size = (2,2)))

# 增加卷积层和池化层
model_v2.add(Conv2D(filters = 128, kernel_size = (3,3), padding = 'same'))
model_v2.add(Activation('relu'))
model_v2.add(Dropout(rate = 0.3))
model_v2.add(Conv2D(filters = 128, kernel_size = (3,3), padding = 'same'))
model_v2.add(Activation('relu'))
```

```
model_v2.add(MaxPool2D(pool_size = (2,2)))

# 建立平坦层
model_v2.add(Flatten())
model_v2.add(Dropout(rate = 0.3))

# 建立隐藏层,共 2500 个神经元，并且加入 Dropout(0.3)，随机丢弃 30%的神经元
model_v2.add(Dense(2500))
model_v2.add(Activation('relu'))
model_v2.add(Dropout(rate = 0.3))

# 增加隐藏层
model_v2.add(Dense(1500))
model_v2.add(Activation('relu'))
model_v2.add(Dropout(rate = 0.3))

# 建立输出层
model_v2.add(Dense(CLASSES_NB,))
model_v2.add(Activation('softmax'))

# 查看摘要
print(model.summary())
```

我们定义训练方式，并开始训练，具体代码如下。

```
# 定义训练方式
model_v2.compile(loss = LOSS, optimizer = OPTIMIZER, metrics = METRICS)
# 开始训练
train_history = model_v2.fit(x_img_train_normalize, y_label_train_OneHot,
validation_split = VALIDATION_SPLIT, epochs = EPOCH, batch_size = BATCH_SIZE,
verbose = VERBOSE)
```

上面代码的运行结果如下。

```
Train on 40000 samples, validate on 10000 samples
Epoch 1/15
40000/40000 [==============================] - 323s 8ms/step - loss: 1.8240 - acc:
0.3173 - val_loss: 1.6007 - val_acc: 0.4350
……
Epoch 15/15
40000/40000 [==============================] - 374s 9ms/step - loss: 0.5410 - acc:
0.8065 - val_loss: 0.6971 - val_acc: 0.7678
scores = model_v2.evaluate(x_img_test_normalize, y_label_test_OneHot,
verbose = 1)
scores[1]
10000/10000 [==============================] - 26s 3ms/step
0.7574
```

可以看出，在同样的测试集下进行测试，模型的准确率为 0.757 4，相较于加深网络结构之前模型的准确率已有较大提升。

接下来，我们将训练好的模型进行保存，具体代码如下。

```
from keras.models import load_model
```

```
# 保存训练好的模型权重
model_v2.save('cifar_10_weights_v2.h5')
```

8.5 本章小结

　　本章搭建了识别 CIFRA-10 数据集的卷积神经网络模型，并经优化使模型的准确率由 0.676 2 提升至 0.757 4。如果想搭建更加有效的模型，识别难度更高的图像，读者可以自行研究 ImageNet。

　　学完本章，读者需要掌握如下知识点。

　　（1）损失函数是非常重要的参数，不同的应用场景应使用不同的损失函数。

　　（2）优化器非常重要，应根据具体场景选择合适的优化函数。

　　（3）通过加深卷积神经网络模型结构可以提高模型的准确率。

第 **9** 章

项目 3：识别猫狗图像

　　在实际的识别任务中，数据集往往不如前几章所用的数据集那样充足，例如 MNIST 数据集和 CIFAR-10 数据集都包含数万个训练样本数据及 10 000 个测试样本数据。那么，对于数据集不够充足的情况，是否存在能够利用少量样本数据而训练出达到指标的神经网络模型？

　　我们在本章中将对猫狗图像进行识别，使用的数据集是 Kaggle 在 2013 年提供的猫狗大战（Dogs-vs-Cats）数据集，其中包含猫和狗这两种动物的不同图像。猫狗大战数据集主要用于图像分类任务，训练模型的目标就是区分出图像中的动物是猫还是狗。

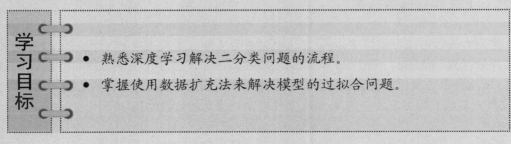

学习目标

- 熟悉深度学习解决二分类问题的流程。
- 掌握使用数据扩充法来解决模型的过拟合问题。

9.1 准备工作

我们创建一个文件夹作为项目文件夹，并将其命名为 dogs-vs-cats。同时，我们在文件夹中创建 dataset 文件夹，用来存储图像数据集。

接下来，我们打开命令行窗口，输入 cd 命令进入 dogs-vs-cats 项目文件夹；输入 jupyter notebook 命令打开 notebook 界面，新建一个 ipynb 文件，并将其命名 dogs-vs-cats.ipynb。最终得到的项目文件夹的结构如下。

```
dogs-vs-cats/
├──dogs-vs-cats.ipynb
└──dataset/
```

9.2 预处理数据集

在猫狗大战数据集中，猫和狗各种形态的图像共有 25 000 幅（部分样本数据如图 9-1 所示）猫和狗这两种分类图像各有 12 500 幅。由于本章研究如何用少量数据实现模型训练目标，因此我们重新划分数据集，从猫狗大战数据集中提取 4 000 幅图像（两种分类各有 2000 幅）作为训练集，再提取 1 000 幅图像作为测试集。

图 9-1 猫狗大战数据集中的部分样本数据

9.2.1 下载和存储数据集

猫狗大战数据集可以从 Kaggle 官方网站进行下载。下载内容是一个压缩文件，解压该文件后得到 train.zip、test1.zip 和 sampleSubmission.csv 这 3 个文件，我们将 train.zip 和 test1.zip 文件进行解压，得到存储所有训练图像和测试图像的文件夹。我们将上面这些文件/文件夹复制到项目文件夹的 dataset 文件夹中，得到的目录结构如下。

```
dataset
├──dogs-vs-cats.ipynb
├──sampleSubmission.csv
├──test1.zip
```

```
├──train.zip
├──train/
│   ├──cat.0.jpg
│   ├──cat.1.jpg
│   ├──......
│   └──cat. 5000.jpg
└──test1/
     ├──1.jpg
     ├──2.jpg
     ├──......
     └──1000.jpg
```

9.2.2　处理数据

　　下载和存储好数据集后，接下来我们构建训练所使用的数据，即分别从猫狗大战数据集（下文称之为原始数据集）中提取 4 000 幅训练图像和 1 000 幅测试图像。这个操作可以使用 Python 中的 os 库和 shutil 库来实现，具体代码如下。

```python
import os
import os, shutil
ROOT_DIR = os.getcwd()
DATA_PATH = os.path.join(ROOT_DIR, "dataset")
# 原始数据集根目录
original_dataset_dir = os.path.join(DATA_PATH, "train")
# 构建存储小数据集的文件夹
base_dir = os.path.join(DATA_PATH, "cats_and_dogs_small")
if not os.path.exists(base_dir):
    os.mkdir(base_dir)
# 构建训练集文件夹
train_dir = os.path.join(base_dir, 'train')
if not os.path.exists(train_dir):
    os.mkdir(train_dir)
# 构建验证集文件夹
validation_dir = os.path.join(base_dir, 'validation')
if not os.path.exists(validation_dir):
    os.mkdir(validation_dir)
# 构建测试集文件夹
test_dir = os.path.join(base_dir, 'test')
if not os.path.exists(test_dir):
    os.mkdir(test_dir)
# 猫图像的训练数据文件夹
train_cats_dir = os.path.join(train_dir, 'cats')
if not os.path.exists(train_cats_dir):
    os.mkdir(train_cats_dir)
# 狗图像的训练数据文件夹
train_dogs_dir = os.path.join(train_dir, 'dogs')
if not os.path.exists(train_dogs_dir):
    os.mkdir(train_dogs_dir)
# 猫图像的验证数据文件夹
```

```
validation_cats_dir = os.path.join(validation_dir, 'cats')
if not os.path.exists(validation_cats_dir):
    os.mkdir(validation_cats_dir)
# 狗图像的验证数据文件夹
validation_dogs_dir = os.path.join(validation_dir, 'dogs')
if not os.path.exists(validation_dogs_dir):
    os.mkdir(validation_dogs_dir)
# 猫图像的测试数据文件夹
test_cats_dir = os.path.join(test_dir, 'cats')
if not os.path.exists(test_cats_dir):
    os.mkdir(test_cats_dir)
# 狗图像的测试数据文件夹
test_dogs_dir = os.path.join(test_dir, 'dogs')
if not os.path.exists(test_dogs_dir):
    os.mkdir(test_dogs_dir)
```

运行这段代码后，项目文件夹的结构如下。

```
dataset/
├──dogs-vs-cats.ipynb
├──sampleSubmission.csv
├──test1.zip
├──train.zip
├──cats_and_dogs_small/
│  ├──test/
│  │  ├──cats/
│  │  └──dogs/
│  ├──train/
│  │  ├──cats/
│  │  └──dogs/
│  ├──validation/
│  │  ├──cats/
│  │  └──dogs/
├──train/
│  ├──cat.0.jpg
│  ├──cat.1.jpg
│  ├──......
│  ├──cat.1999.jpg
│  ├──dog.0.jpg
│  ├──......
│  ├──dog.1998.jpg
│  └──dog.1999.jpg
└──test1/
    ├──1.jpg
    ├──2.jpg
    ├──......
    └──1000.jpg
```

构建好各个文件夹后，我们依次复制原始数据集中的图像到训练数据文件夹、测试数据文件夹和验证数据文件夹中，具体代码如下。

```
# 把原始数据集中 1000 幅猫的图像复制到训练集文件夹 train_cats_dir 中
```

```
fnames = ['cat.{}.jpg'.format(i) for i in range(1000)]
for fname in fnames:
    src = os.path.join(original_dataset_dir, fname)
    dst = os.path.join(train_cats_dir, fname)
    if not os.path.exists(dst):
        shutil.copyfile(src, dst)
print('复制 1000 幅猫的图像到训练集文件夹 train_cats_dir 中')
# 把原始数据集中 500 幅猫的图像复制到验证集文件夹 validation_cats_dir 中
fnames = ['cat.{}.jpg'.format(i) for i in range(1000, 1500)]
for fname in fnames:
    src = os.path.join(original_dataset_dir, fname)
    dst = os.path.join(validation_cats_dir, fname)
    if not os.path.exists(dst):
        shutil.copyfile(src, dst)
print('复制 500 幅猫的图像到验证集文件夹 validation_cats_dir 中')
# 把原始数据集中 500 幅猫的图像复制到测试集文件夹 test_cats_dir 中
fnames = ['cat.{}.jpg'.format(i) for i in range(1500, 2000)]
for fname in fnames:
    src = os.path.join(original_dataset_dir, fname)
    dst = os.path.join(test_cats_dir, fname)
    if not os.path.exists(dst):
        shutil.copyfile(src, dst)
print('复制 500 幅猫的图像到测试集文件夹 test_cats_dir 中')
# 把原始数据集中 1000 幅狗的图像复制到训练集文件夹 train_dogs_dir 中
fnames = ['dog.{}.jpg'.format(i) for i in range(1000)]
for fname in fnames:
    src = os.path.join(original_dataset_dir, fname)
    dst = os.path.join(train_dogs_dir, fname)
    if not os.path.exists(dst):
        shutil.copyfile(src, dst)
print('复制 1000 幅狗的图像到训练集文件夹 train_dogs_dir 中')
# 把原始数据集中 500 幅狗的图像复制到验证集文件夹 validation_dogs_dir 中
fnames = ['dog.{}.jpg'.format(i) for i in range(1000, 1500)]
for fname in fnames:
    src = os.path.join(original_dataset_dir, fname)
    dst = os.path.join(validation_dogs_dir, fname)
    if not os.path.exists(dst):
        shutil.copyfile(src, dst)
print('复制 500 幅狗的图像到验证集文件夹 validation_dogs_dir 中')
# 把原始数据集中复制 1000 幅狗的图像到测试集文件夹 test_dogs_dir 中
fnames = ['dog.{}.jpg'.format(i) for i in range(1500, 2000)]
for fname in fnames:
    src = os.path.join(original_dataset_dir, fname)
    dst = os.path.join(test_dogs_dir, fname)
    if not os.path.exists(dst):
        shutil.copyfile(src, dst)
print('复制 1000 幅狗的图像到测试集文件 test_dogs_dir 中')
```

上面代码的运行结果如下。

复制 1000 幅猫的图像到训练集文件夹 train_cats_dir 中

复制 500 幅猫的图像到验证集文件夹 validation_cats_dir 中
复制 500 幅猫的图像到测试集文件夹 test_cats_dir 中
复制 1000 幅狗的图像到训练集文件夹 train_dogs_dir 中
复制 500 幅狗的图像到验证集文件夹 validation_dogs_dir 中
复制 1000 幅狗的图像到测试集文件夹 test_dogs_dir 中

我们使用 len 函数验证得到的图像数量是否为之前提出的需求，具体代码如下。

```
print('猫的训练集文件夹中共有图像: ', len(os.listdir(train_cats_dir)))
print('狗的训练集文件夹中共有图像: ', len(os.listdir(train_dogs_dir)))
print('猫的验证数文件夹中共有图像: ', len(os.listdir(validation_cats_dir)))
print('狗的验证数文件夹中共有图像: ', len(os.listdir(validation_dogs_dir)))
print('猫的测试集文件夹中共有图像: ', len(os.listdir(test_cats_dir)))
print('狗的测试集文件夹中共有图像: ', len(os.listdir(test_dogs_dir)))
```

上面代码的运行结果如下。

```
猫的训练集文件夹中共有图像:  1000
狗的训练集文件夹中共有图像:  1000
猫的验证集文件夹中共有图像:  500
狗的验证集文件夹中共有图像:  500
猫的测试集文件夹中共有图像:  500
狗的测试集文件夹中共有图像:  500
```

9.2.3 读取和预处理数据

和前文中图像识别的过程一样，本章中的猫狗图像识别也需要对数据进行读取、转换、归一化、存储多组数组等操作。这些操作可以使用 Keras 的图像数据生成器 ImageDataGenerator 工具进行快捷方便地处理，具体代码如下。

```
from keras.preprocessing.image import ImageDataGenerator
# 数据归一化
train_datagen = ImageDataGenerator(rescale = 1./255)
test_datagen = ImageDataGenerator(rescale = 1./255)
# 直接从训练集文件夹中构建训练数据
train_generator = train_datagen.flow_from_directory(
        # 目录参数
        train_dir,
        # 将图像维度转换成 150 * 150
        target_size = (150, 150),
        # 每次生成数据批次为 20
        batch_size = 20,
        # 设置数据为一个二分类的任务
        class_mode = 'binary')
# 直接从验证集文件夹中构建验证数据
validation_generator = test_datagen.flow_from_directory(
        validation_dir,
        target_size = (150, 150),
        batch_size = 20,
        class_mode = 'binary')
```

上面代码的运行结果如下。

```
Found 4000 images belonging to 2 classes.
Found 1000 images belonging to 2 classes.
```

由运行结果可以看出，测试集中两种类别的图像共 4000 幅；验证集中两种类别的图像共计 1000 幅。下面查看数据生成器中的图像及其对应的标签值，具体代码如下。

```
train_generator[0][0].shape, train_generator[0][1].shapeprint(parse_qs(query_args))
```

得到的结果如下。可以看出，数据生成器中有 20 幅图像，它们是 15 像素×150 像素的图像；通道数为 3，即 RGB 通道；对应的图像标签有 20 个。

```
((20, 150, 150, 3), (20,))
```

9.3 搭建模型识别猫狗图像

模型的搭建分为两个步骤：首先，构建一个相对简单的模型进行训练；然后评估模型的训练结果，找出问题，修改训练方法并重新训练，提高模型预测准确率。

9.3.1 搭建并训练模型

我们先搭建一个只有卷积层（conv）和池化层的卷积神经网络模型，所使用的激活函数是 relu，再通过 sigmoid 函数进行分类，输出一个神经元。具体代码如下。

```
from keras.layers import Conv2D, MaxPooling2D, Flatten, Dense
from keras import models
from keras.utils import plot_model
model = models.Sequential()
model.add(Conv2D(32, (3, 3), activation = 'relu',
                            input_shape = (150, 150, 3)))
model.add(MaxPooling2D((2, 2)))
model.add(Conv2D(64, (3, 3), activation = 'relu'))
model.add(MaxPooling2D((2, 2)))
model.add(Conv2D(128, (3, 3), activation = 'relu'))
model.add(MaxPooling2D((2, 2)))
model.add(Conv2D(128, (3, 3), activation = 'relu'))
model.add(MaxPooling2D((2, 2)))
model.add(Flatten())
model.add(Dense(512, activation = 'relu'))
model.add(Dense(1, activation = 'sigmoid'))
model.summary()
```

上面代码运行后，得到如下输出结果。

```
WARNING: Logging before flag parsing goes to stderr.
W0112 04:36:01.784457 4539753920 deprecation_wrapper.py:119] From /Users/jingyuyan/
anaconda3/envs/dlwork/lib/python3.6/site-packages/keras/backend/tensorflow_back
end.py:4070: The name tf.nn.max_pool is deprecated. Please use tf.nn.max_pool2d
instead.
Model: "sequential_2"
```

```
Layer (type)                      Output Shape                  Param #
=================================================================
conv2d_1 (Conv2D)                 (None, 148, 148, 32)          896

max_pooling2d_1(MaxPooling2D)     (None, 74, 74, 32)            0

conv2d_2 (Conv2D)                 (None, 72, 72, 64)            18496

max_pooling2d_2(MaxPooling2D)     (None, 36, 36, 64)            0

conv2d_3 (Conv2D)                 (None, 34, 34, 128)           73856

max_pooling2d_3(MaxPooling2D)     (None, 17, 17, 128)           0

conv2d_4 (Conv2D)                 (None, 15, 15, 128)           147584

max_pooling2d_4(MaxPooling2D)     (None, 7, 7, 128)             0

flatten_1 (Flatten)               (None, 6272)                  0

dense_1 (Dense)                   (None, 512)                   3211776

dense_2 (Dense)                   (None, 1)                     513
=================================================================
Total params: 3,453,121
Trainable params: 3,453,121
Non-trainable params: 0
```

我们搭建好了一个有 4 个卷积层的模型,其结构如图 9-2 所示。

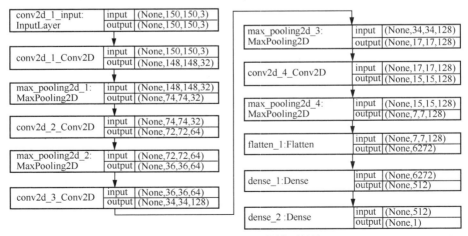

图 9-2　有 4 层卷积层的模型结构

由于训练的卷积神经网络模型的最终结果是输出一个二分类任务的神经元,因此,我们使用 RMSProp 函数作为优化器，使用二进制交叉熵 binary_crossentropy 函数作为损失函数。具体代码如下。

```
from keras import optimizers
model.compile(loss = 'binary_crossentropy',
              optimizer = optimizers.RMSprop(lr = 1e-4),
              metrics = ['acc'])
# 设置模型参数和训练参数
# 设置 50 个数据进行验证
VALIDATION_STEPS = 50
# 训练周期，设置 30 个周期即可
EPOCHS = 30
# 每个 epoch 增加新生成的 2000 个数据
STEPS_PER_EPOCH = 100
history = model.fit_generator(
                    train_generator,
                    steps_per_epoch = STEPS_PER_EPOCH,
                    epochs = EPOCHS,
                    validation_data = validation_generator,
                    validation_steps = VALIDATION_STEPS)
```

运行上面这段代码，开始训练模型，得到的输出结果如下。可以看出，模型的准确率达到了 0.986 5。

```
Epoch 1/30
100/100 [==============================] - 8s 76ms/step - loss: 0.6937 - acc:
0.5235 - val_loss: 0.6773 - val_acc: 0.6160
.....
Epoch 29/30
100/100 [==============================] - 6s 55ms/step - loss: 0.0612 - acc:
0.9835 - val_loss: 0.8884 - val_acc: 0.7300
Epoch 30/30
100/100 [==============================] - 5s 53ms/step - loss: 0.0520 - acc:
0.9865 - val_loss: 0.8616 - val_acc: 0.7320
```

接下来我们定义绘制函数，将模型训练过程进行可视化展示，具体代码如下。

```
def plot_train_history(history, train_metrics, val_metrics):
    plt.plot(history.history.get(train_metrics))
    plt.plot(history.history.get(val_metrics))
    plt.ylabel(train_metrics)
    plt.xlabel('Epochs')
    plt.legend(['train', 'validation'])
    plt.show()
```

我们调用刚定义的函数，分别绘制模型训练过程中损失值和准确率曲线。具体代码如下，得到的结果如图9-3和图9-4所示。

```
import matplotlib.pyplot as plt
# 绘制损失值曲线
plot_train_history(history, 'loss', 'val_loss')
# 绘制准确率曲线
plot_train_history(history, 'acc', 'val_acc')
```

可以看出，虽然模型经过训练后其准确率达到了 0.986 5，但存在非常严重的过拟合问题，从图中可以看出，模型在验证集上的准确率仅约为 0.7，损失值的浮动较大。我们在前文中已经介绍了一些防止过拟合的方法，如权重衰减、引入 Dropout 机制，但这些方法在小数据集上解决过拟合问题的效果并不显著。因此，我们介绍一种较为有效的方法——数据扩充法，来解决小数据集上出现的过拟合问题。

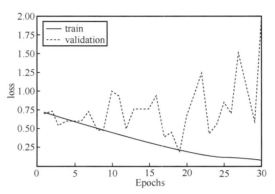

图 9-3　模型训练过程的损失值曲线

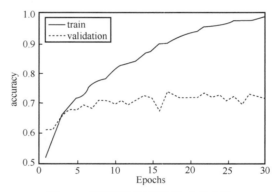

图 9-4　模型训练过程的准确率曲线

9.3.2　利用数据扩充法解决过拟合问题

本小节利用数据扩充法解决数据量过少导致的过拟合问题。

在数据量少的情况下，我们可以按照一定要求，利用 Keras 的 ImageDataGenerator 在原有数据的基础上生成新的数据。数据生成器生成数据常用的参数如下。

- width_shift/height_shift：横向或者纵向随机移动图像位置。
- rotation_range：在 0°～180°的范围内旋转图像。
- share_range：逆时针方向的剪切变换角度。
- zoom_range：随机对图像进行缩放。
- horizontal_flip：沿水平方向翻转图像。
- fill_mode：图像在旋转、位移后，新区域的填充模式。

首先，我们构建数据生成器（gen），其中参数值可以根据需要适当定制，如训练周期可以设置为30。具体代码如下。

```
from keras.preprocessing.image import ImageDataGenerator
gen = ImageDataGenerator(
    width_shift_range = 0.2,
    height_shift_range = 0.2,
    rotation_range = 40,
    shear_range = 0.2,
    zoom_range = 0.2,
    horizontal_flip = True,
    fill_mode = 'nearest')
```

然后，我们利用构建好的数据生成器生成扩充图像，并随机读取一幅图像，对其进行数据扩充操作，生成新的数据。具体代码如下。

```
import matplotlib.pyplot as plt
from keras.preprocessing import image
import cv2
# 选取狗的训练集文件夹中所有图像的地址
imgs_path = [os.path.join(train_dogs_dir, path) for path in os.listdir
(train_dogs_dir)]
# 随机读取一幅图像
img_path = imgs_path[0]
img = cv2.imread(img_path)
img = cv2.cvtColor(img, cv2.COLOR_BGR2RGB)
img = cv2.resize(img, (150, 150))
img = img.reshape((1, ) + img.shape)
```

最后，我们利用数据生成器（gen）的 flow 函数随机生成数据。这里需要设置跳出条件，否则代码将会无限循环地生成数据。具体代码如下。

```
show_count = 5
fig = plt.figure(figsize=(12, 12))
idx = 1
for gen_img in gen.flow(img, batch_size = 1):
    ax = fig.add_subplot(1, show_count, idx, xticks = [], yticks = [])
    ax.imshow(image.array_to_img(gen_img[0]))
    if idx >= show_count:
        break
    idx += 1
plt.show()
```

利用数据生成器（gen）生成的数据如图 9-5 所示。可以看出，原始图像（图 9-5（a））经过一些处理后，生成了多幅图像（如图 9-5（b）～图 9-5（e）所示），实现了对数据集的扩充。

（a）原始图像　　（b）结果图像1　　（c）结果图像2　　（d）结果图像3　　（e）结果图像4

图 9-5　数据生成器生成的图像

1．构建模型

通过数据生成器使数据得到了扩充，但是新生成的数据还是来源于原始数据集中的数据，因而可以认为没有产生新的数据，只是增加了模型对原有数据的学习素材。因此，我们需要搭建新的模型进行训练。具体代码如下。

```python
from keras.layers import Conv2D, MaxPooling2D, Flatten, Dense, Dropout
from keras import models
from keras.utils import plot_model
model = models.Sequential()
model.add(Conv2D(32, (3, 3), activation = 'relu',
                                input_shape = (150, 150, 3)))
model.add(MaxPooling2D((2, 2)))
model.add(Conv2D(64, (3, 3), activation = 'relu'))
model.add(MaxPooling2D((2, 2)))
model.add(Conv2D(128, (3, 3), activation = 'relu'))
model.add(MaxPooling2D((2, 2)))
model.add(Conv2D(128, (3, 3), activation = 'relu'))
model.add(MaxPooling2D((2, 2)))
model.add(Flatten())
model.add(Dropout(0.5))
model.add(Dense(512, activation = 'relu'))
model.add(Dense(1, activation = 'sigmoid'))
model.summary()
```

上面代码运行后，输出的各层信息如下。

```
Model: "sequential_6"
```

Layer (type)	Output Shape	Param #
conv2d_5 (Conv2D)	(None, 148, 148, 32)	896
max_pooling2d_5(MaxPooling2D)	(None, 74, 74, 32)	0
conv2d_6 (Conv2D)	(None, 72, 72, 64)	18496
max_pooling2d_6(MaxPooling2D)	(None, 36, 36, 64)	0
conv2d_7 (Conv2D)	(None, 34, 34, 128)	73856
max_pooling2d_7(MaxPooling2D)	(None, 17, 17, 128)	0
conv2d_8 (Conv2D)	(None, 15, 15, 128)	147584
max_pooling2d_8(MaxPooling2D)	(None, 7, 7, 128)	0
flatten_2 (Flatten)	(None, 6272)	0
dropout_1 (Dropout)	(None, 6272)	0
dense_3 (Dense)	(None, 512)	3211776

```
dense_4 (Dense)                   (None, 1)                513
=================================================================
Total params: 3,453,121
Trainable params: 3,453,121
Non-trainable params: 0
```

可以看出，在 9.3.1 小节模型的基础上，我们在全连接层后加了一个 Dropout 层，丢弃一部分神经元，以解决过拟合问题。新模型的结构如图 9-6 所示，图中椭圆形内的内容为新增加的 Dropout 层。

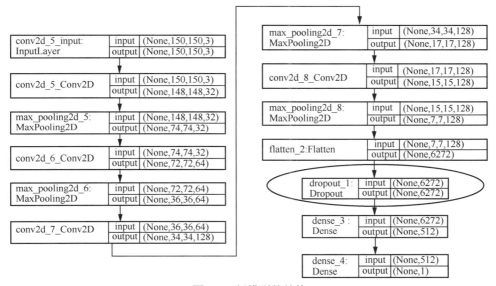

图 9-6　新模型的结构

2．数据验证

下面我们训练模型，使用图像生成器生成训练集、测试集和验证集。具体代码如下。

```
from keras import optimizers
model.compile(loss = 'binary_crossentropy',
              optimizer = optimizers.RMSprop(lr = 1e-4),
              metrics = ['acc'])
# 设置模型参数和训练参数
# 设置 50 个数据进行验证
VALIDATION_STEPS = 50
# 训练周期，设置 50 个周期即可
EPOCHS = 50
# 每个 epoch 增加新生成的 2000 个数据量
STEPS_PER_EPOCH = 100
train_datagen = ImageDataGenerator(
    rescale = 1./255,
    rotation_range = 40,
    width_shift_range = 0.2,
```

```
    height_shift_range = 0.2,
    shear_range = 0.2,
    zoom_range = 0.2,
    horizontal_flip = True,)
test_datagen = ImageDataGenerator(rescale = 1./255)
train_generator = train_datagen.flow_from_directory(
        train_dir,
        target_size = (150, 150),
        batch_size = 32,
        class_mode = 'binary')
validation_generator = test_datagen.flow_from_directory(
        validation_dir,
        target_size = (150, 150),
        batch_size = 32,
        class_mode = 'binary')
history = model.fit_generator(
    train_generator,
    steps_per_epoch = STEPS_PER_EPOCH,
    epochs = EPOCHS,
    validation_data = validation_generator,
    validation_steps = VALIDATION_STEPS)
```

上面代码的运行结果如下。

```
Found 2000 images belonging to 2 classes.
Found 1000 images belonging to 2 classes.
Epoch 1/50
100/100 [==============================] - 22s 218ms/step - loss: 0.6917 - acc:
0.5290 - val_loss: 0.6529 - val_acc: 0.5914
......
Epoch 49/50
100/100 [==============================] - 19s 187ms/step - loss: 0.4285 - acc:
0.7940 - val_loss: 0.4307 - val_acc: 0.7906
Epoch 50/50
100/100 [==============================] - 19s 191ms/step - loss: 0.4327 - acc:
0.7974 - val_loss: 0.5460 - val_acc: 0.7648
```

接下来我们绘制模型训练过程中的损失值曲线和准确率曲线，具体代码如下。

```
def plot_train_history(history, train_metrics, val_metrics):
    plt.plot(history.history.get(train_metrics))
    plt.plot(history.history.get(val_metrics))
    plt.ylabel(train_metrics)
    plt.xlabel('Epochs')
    plt.legend(['train', 'validation'])
    plt.show()
plot_train_history(history, 'loss', 'val_loss')
plot_train_history(history, 'acc', 'val_acc')
```

得到的结果图 9-7 和图 9-8 所示。

可以看出，虽然过拟合问题仍然存在，但比原模型有了明显改善。模型对训练集和对验证集的预测准确率之间的差距已得到大幅降低。

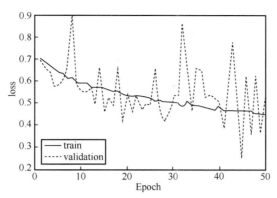

图 9-7 新模型训练过程中的损失值曲线

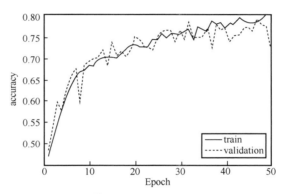

图 9-8 新模型训练过程中的准确率曲线

9.4 本章小结

本章搭建了识别猫狗图像的神经模型，尝试使用相对较少的数据集进行二分类实验。经训练后模型的准确率最终为 0.797 4。

学习完本章，读者需要掌握如下知识点。

（1）了解 Kaggle 提供的猫狗大战数据集的结构及属性。

（2）使用 Keras 的图像生成器对数据集进行归一化等处理。

（3）利用 Keras 的图像生成器在原有数据的基础上生成新的数据，实现训练集的扩充。

（4）搭建神经网络解决二分类问题时，使用 ReLU 函数作为激活函数，使用 sigmoid 函数进行分类，使用 RMSProp 作为优化器，使用二进制交叉熵 binary_crossentropy 作为损失函数。

第 **10** 章

项目 4：识别人脸表情

人脸识别中的表情识别在人机交互上得到非常广泛的应用。本章将介绍基于深度学习的人脸面部情绪识别算法，并利用深度学习模型对数据特征进行有效提取，以让计算机更好地理解人脸表情所表达的含义。

- 熟悉人脸表情数据集 Fer2013 的获取、读取和预处理。
- 熟悉使用 Keras 构建卷积神经网络模型，以及模型的训练流程。
- 熟悉使用 Python 图像库 PIL 对数据进行可视化操作。

10.1 准备数据

我们首先创建一个文件夹作为项目文件夹，并将其命名为 face。然后打开命令行窗口，输入 cd 命令进入这个项目文件夹，并输入执行 jupyter notebook 命令打开 notebook 界面，新建一个 ipynb 文件并将其命名为 face.ipynb。最终的项目文件夹结构如下。

```
face/
├──face.ipynb
```

本章使用的数据集为 Fer2013 人脸表情数据集（简称 Fer2013 数据集），该数据集可在 Kaggle 官网上进行下载。Fer2013 数据集包括 fer2013.csv 文件和 test_set 文件夹。Fer2013 数据集由 35 886 幅人脸表情图像组成，其中训练集有 28 708 幅图像，测试集和验证集各有 3 589 幅图像，每幅图像都是维度固定为 48×48 的彩色图像。Fer2013 数据集共有 7 种表情，即包含 7 种类别，这些表情及其对应的标签之间的关系为：

标签	表情
0	生气（Anger）
1	厌恶（Disgust）
2	恐惧（Fear）
3	开心（Happy）
4	伤心（Sad）
5	惊讶（Surprise）
6	自然（Neutral）

为了便引用，我们将 fer2013.csv 文件和 test_set 文件夹放入项目根目录，使用 open 函数读取文件内容，并将其存储到内存中。具体代码如下。

```python
import numpy as np
# 通过 with 关键字读取 fer2013.csv 文件的内容，读取完毕后，代码会自动调用文件的 close()函数
with open("fer2013.csv") as f:
# 读取所有的行
    content = f.readlines()
# 将数据装填到 NumPy 格式的数据矩阵
lines = np.array(content)
num_of_instances = lines.size
print("实例数量:{}。".format(num_of_instances))
print("实例长度:{}。".format(len(lines[1].split(",")[1].split(" "))))
```

上面代码的输出结果如下。

实例数量：35888。
实例长度：2304。

在输出结果中，35 888 表示数据集的行数，2 304 表示灰度图像（48×48）的数据长度。

我们要从数据集中分割出训练集、验证集和测试集。因为 fer2013.csv 文件中的数据集并没有验证集，所以我们可以手动对测试集进行折半处理，即用一半数据组成验证集，另一半数据组成测试集，具体代码如下。

```python
from keras.utils import np_utils
# 定义 7 种人脸表情
class_list = ["angry", "disgust", "fear", "happy", "sad", "surprise", "neutral"]
num_classes = len(class_list)
# 定义训练集、验证集和测试集的数组
X_train, y_train, X_valid, y_valid, X_test, y_test = [], [], [], [], [], []
# 开始循环进行数据分割
for i in range(1, num_of_instances):
    try:
        # 读取一行数据
        emotion, img, usage = lines[i].split(",")
        # 用空格将图像的数值分割成数组
        val = img.split(" ")
        # 将图像转换成 NumPy 数组
        pixels = np.array(val, np.float32)
        # 对人脸表情类别进行 one-hot 编码
        emotion = np_utils.to_categorical(emotion, num_classes)
        # 如果是训练集数据，就添加到训练集数组中
        if 'Training' in usage:
            y_train.append(emotion)
            X_train.append(pixels)
            # 如果是测试集数据，就添加到测试集数组中
        elif 'PublicTest' in usage:
            y_test.append(emotion)
            X_test.append(pixels)
    except:
        print("", end="")
# 将测试集的数组数据进行折半处理，即用一半数据组成验证集，另一半数据组成测试集
half_test_len = int(len(X_test) / 2)
X_valid = X_test[:half_test_len]
y_valid = y_test[:half_test_len]
X_test = X_test[half_test_len:]
y_test = y_test[half_test_len:]
```

数据集分割后，需要对这些图像进行预处理。由于 Fer2013 数据集中的图像是灰度图，也就是只有一个颜色通道，因此数值范围是 0~255。我们对图像数值进行归一化处理，即将其转换成 0~1 之间的数值。构建卷积神经网络模型时，输入的图像维度要包含 4 个参数，分别是 batch_size、height、width、channels，因此需要将图像的维度修改为四维数组的形式。具体代码如下。

```python
# 将训练集图像数值的格式转换成 float32
X_train = np.array(X_train, np.float32)
y_train = np.array(y_train, np.float32)
```

```
# 将验证集图像数值的格式转换成 float32
X_valid = np.array(X_valid, np.float32)
y_valid = np.array(y_valid, np.float32)
# 将测试集图像数值的格式转换成 float32
X_test = np.array(X_test, np.float32)
y_test = np.array(y_test, np.float32)
#输入的图像数值进行归一化处理，将其转换成 0～1 之间的值
X_train /= 255
X_valid /= 255
X_test /= 255
# 定义图像的宽和高
img_width = 48
img_height = 48
# 将训练集中图像的维度转换成(batch_size, height, width, channels)的四维数组形式
X_train = X_train.reshape(X_train.shape[0], img_width, img_height, 1)
X_train = X_train.astype(np.float32)
# 将验证集中图像的维度转换成(batch_size, height, width, channels)的四维数组形式
X_valid = X_valid.reshape(X_valid.shape[0], img_width, img_height, 1)
X_valid = X_valid.astype(np.float32)
# 将测试集中图像的维度转换成(batch_size, height, width, channels)的四维数组形式
X_test = X_test.reshape(X_test.shape[0],img_width, img_height, 1)
X_test = X_test.astype(np.float32)
# 打印输出
print("X_train.shape={}, y_train.shape={}.".format(X_train.shape,y_train.shape))
print("X_valid.shape={}, y_valid.shape={}.".format(X_valid.shape,y_valid.shape))
print("X_test.shape={}, y_test.shape={}.".format(X_test.shape,y_test.shape))
```

上面代码的运行结果如下。

```
X_train.shape = (28709,48,48,1), y_train.shape = (28709,7).
X_valid.shape = (1794,48,48,1), y_valid.shape = (1794,7).
X_test.shape = (1795,48,48,1), y_test.shape = (1795,7).
```

10.2 构建模型

本实验使用 Keras 构建卷积神经网络模型，该模型包含 3 个卷积层，深度分别为 64、64 和 128。卷积层大小从一开始的（5,5）转换成后面的（3,3），最后添加 1 024 个全连接层和对应 7 个类别的输出全连接层。因为任务输出 7 种类别，所以它属于多分类任务。我们在输出层使用的激活函数是 softmax。构建模型的代码如下。

```
from keras.models import Sequential
from keras.layers import Conv2D, MaxPooling2D, AveragePooling2D
from keras.layers import Dense, Activation, Dropout, Flatten
# 创建 Keras 的顺序模型实例
model = Sequential()
# 添加第一层卷积层，需要传入图像的 input_shape 参数的值
model.add(Conv2D(64, (5, 5), activation = 'relu', input_shape =
(img_width, img_height, 1)))
model.add(MaxPooling2D(pool_size = (5,5), strides = (2, 2)))
```

```
model.add(Dropout(0.5))
# 添加第二层卷积层
model.add(Conv2D(64, (3, 3), activation = 'relu'))
model.add(Conv2D(64, (3, 3), activation = 'relu'))
model.add(AveragePooling2D(pool_size = (3,3), strides = (2, 2)))
model.add(Dropout(0.5))
# 添加第三层卷积层
model.add(Conv2D(128, (3, 3), activation = 'relu'))
model.add(Conv2D(128, (3, 3), activation = 'relu'))
model.add(AveragePooling2D(pool_size = (3,3), strides = (2, 2)))
model.add(Dropout(0.5))
model.add(Flatten())
# 添加 1024 个全连接层
model.add(Dense(1024, activation = 'relu'))
model.add(Dropout(0.2))
model.add(Dense(1024, activation = 'relu'))
model.add(Dropout(0.2))
# 添加输出层
model.add(Dense(num_classes, activation = 'softmax'))
model.summary()
```

运行上面这段代码，输出模型的架构信息如下。

```
Model: "sequential"
```

Layer (type)	Output Shape	Param #
conv2d (Conv2D)	(None, 44, 44, 64)	1664
max_pooling2d(MaxPooling2D)	(None, 20, 20, 64)	0
dropout (Dropout)	(None, 20, 20, 64)	0
conv2d_1 (Conv2D)	(None, 18, 18, 64)	36928
conv2d_2 (Conv2D)	(None, 16, 16, 64)	36928
average_pooling2d(Average)	(None, 7, 7, 64)	0
dropout_1 (Dropout)	(None, 7, 7, 64)	0
conv2d_3 (Conv2D)	(None, 5, 5, 128)	73856
conv2d_4 (Conv2D)	(None, 3, 3, 128)	147584
average_pooling2d_1(Average)	(None, 1, 1, 128)	0
dropout_2 (Dropout)	(None, 1, 1, 128)	0
flatten (Flatten)	(None, 128)	0

```
dense (Dense)                    (None, 1024)                  132096

dropout_3 (Dropout)              (None, 1024)                  0

dense_1 (Dense)                  (None, 1024)                  1049600

dropout_4 (Dropout)              (None, 1024)                  0

dense_2 (Dense)                  (None, 7)                     7175
=================================================================
Total params: 1,485,831
Trainable params: 1,485,831
Non-trainable params: 0
```

10.3 训练模型

在训练模型前，我们先要通过 Keras 的图像数据生成器对数据进行增强处理，让它遍历处理所有的图像数据，并返回迭代器（Iterator）对象。然后，我们通过 Sequential 对象的 fit_generator 函数来训练模型。具体代码如下。

```
import keras
from keras.preprocessing.image import ImageDataGenerator
# 定义每批次训练图像数据量的大小
batch_size = 256
# 定义迭代训练次数
epochs = 20
# 创建图像数据增强生成器对象
imgGenerator = ImageDataGenerator()
# 增强图像数据后返回 iterator 对象
train_generator = imgGenerator.flow(X_train, y_train, batch_size = batch_size)
# 编译模型，使用类别交叉熵作为损失函数，以 Adam 为优化器，用准确率来衡量模型的效果
model.compile(loss = 'categorical_crossentropy', optimizer = keras.optimizers.
Adam(), metrics = ['accuracy']
)
# 训练模型
history = model.fit_generator(train_generator, steps_per_epoch = len(train_generator),
epochs = epochs, validation_data = (X_valid, y_valid),verbose = 1)
```

上面代码的运行结果如下。

```
Epoch 1/20
113/113 [==============================] - 59s 428ms/step - loss: 1.8425 - accuracy:
0.2290 - val_loss: 1.8199 - val_accuracy: 0.2386
Epoch 2/20
113/113 [==============================] - 48s 429ms/step - loss: 1.8079 - accuracy:
0.2887 - val_loss: 1.7825 - val_accuracy: 0.2464
......
```

```
Epoch 20/20
113/113 [==============================] - 49s 430ms/step - loss: 1.2272 - accuracy:
0.5346 - val_loss: 1.1954 - val_accuracy: 0.5368
```

可以看出，损失值从一开始的 1.842 5 降到了最后的 1.227 2；准确率由一开始的 0.229 0 提高到了最后的 0.534 6。需要说明的是，模型的训练效果与设置的每批次数据量和迭代次数有关，读者可根据需求和环境条件调整参数。

10.4 测试和评估模型

训练完成后，接下来我们绘制模型训练时的损失值和准确率曲线。我们先通过测试集对模型进行评估，然后通过 Keras 对模型训练过程中的损失值和准确率进行可视化显示。评估模型的代码如下。

```
# 通过计算损失值和准确率评估训练模型，得到训练分数
train_score = model.evaluate(X_train, y_train, verbose = 0)
print('Train loss: {}.'.format(train_score[0]))
print('Train accuracy: {}.'.format(train_score[1]))
# 计算损失值和准确率，评估模型，得到测试分数
test_score = model.evaluate(X_test, y_test, verbose = 0)
print('Test loss: {}.'.format(test_score[0]))
print('Test accuracy: {}.'.format(test_score[1]))
```

打印输出如下内容。

```
Train loss: 1.115491509437561.
Train accuracy: 0.5760911107063293.
Test loss: 1.1831761598587036.
Test accuracy: 0.5415042042732239.
```

绘制模型训练过程中准确率和损失值曲线的代码如下。

```
import matplotlib.pyplot as plt
# 绘制模型训练过程中的准确率曲线
plt.plot(history.history['accuracy'])
plt.plot(history.history['val_accuracy'])
plt.title('model accuracy')
plt.ylabel('accuracy')
plt.xlabel('epoch')
plt.legend(['train', 'test'], loc = 'upper left')
plt.show()
# 绘制模型训练过程中损失值曲线
plt.plot(history.history['loss'])
plt.plot(history.history['val_loss'])
plt.title('model loss')
plt.ylabel('loss')
plt.xlabel('epoch')
plt.legend(['train', 'test'], loc = 'upper left')
plt.show()
```

得到的结果如图 10-1 和图 10-2 所示。

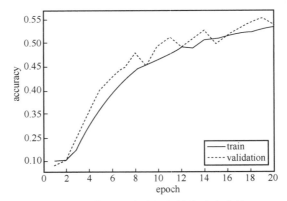

图 10-1　模型训练过程中的准确率曲线

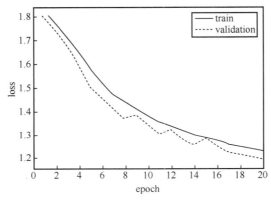

图 10-2　模型训练过程中的损失值曲线

我们可以将模型保存为本地文件，以便下次使用时可以直接读取，而不需要再次运行代码、训练模型。我们在这里使用 to_json 函数保存模型架构，使用 save_weights 函数保存模型的权重，具体代码如下。

```
# 将模型的架构保存为 JSON 格式文件
model_json = model.to_json()
# 保存到本地
with open("facial_expression_recog_model_architecture.json", "w") as json_file:
    json_file.write(model_json)
# 将模型的权重保存为 h5 文件
model.save_weights("facial_expression_recog_model_weights.h5")
```

保存成功后，下次使用时可以从本地读取模型的架构文件和权重文件，然后通过 loaded_model 变量进行新图像识别。具体代码如下。

```
from keras.models import model_from_json
from keras.models import load_model
# 加载模型架构
with open('facial_expression_recog_model_architecture.json', 'r') as json_file:
    loaded_model_json = json_file.read()
    loaded_model = model_from_json(loaded_model_json)
```

```
# 加载模型权重
loaded_model.load_weights("facial_expression_recog_model_weights.h5")
```

　　接下来我们测试对单幅图像进行人脸表情识别，项目根目录下事先准备了数幅测试用的彩色人脸图像，这些图像存储在 test_set 文件夹中。我们通过以下代码导入一幅测试图像，该图像在模型识别时显示其维度为 48×48。

```
from keras.preprocessing import image
import matplotlib.pyplot as plt
# 将图像从本地读取到内存中
def plot_src_image(img_path, grayscale = False):
    img = image.load_img(img_path, grayscale = grayscale, target_size = (48, 48,
3))
# 显示图像
    plt.imshow(img)
    plt.show()
# 图像路径根据实际存放位置而定
plot_src_image("test_set/test_imgs/02.jpg")
```

　　上面代码的输出结果如图 10-3 所示。由于模型在读取图像时会将图像转成 48 像素×48 像素的图像，所以我们在图 10-3 中看到了大量马赛克。

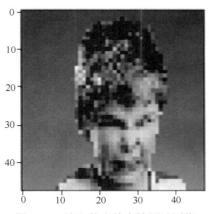

图 10-3　读取的人脸表情测试图像

　　模型的预测结果是一个由测试图像属于每种表情类别的概率组成的数组。我们先用 load_img 函数读取图像并进行预处理，然后通过 loaded_model.predict 对图像进行识别，最后将产生的概率数组绘制成直方图。具体代码如下。

```
import numpy as np
from keras.preprocessing import image
def load_img(img_path, width = 48, height = 48):
    # 以灰度模式来加载指定的 RGB 图像，并且将其维度修改为 48×48
    img = image.load_img(img_path, grayscale = True, target_size = (width, height))
    # 将图像转换为数组
    x = image.img_to_array(img)
    # 扩展图像数组维度为四维
    x = np.expand_dims(x, axis = 0)
```

```
    # 对图像的数值进行归一化处理
    x /= 255
    return x
def plot_analyzed_emotion(emotions_probs, class_list):
    # 绘制直方图，显示每种类别的概率
    y_pos = np.arange(len(class_list))
    plt.bar(y_pos, emotions_probs, align = 'center', alpha = 0.5)
    plt.xticks(y_pos, class_list)
    plt.ylabel('percentage')
    plt.title('emotion')
    plt.show()
# 加载图像
test_img = load_img("test_set/test_imgs/02.jpg")
# 识别图像的概率
predicted_probs = loaded_model.predict(test_img)
# 定义类别
class_list = ["angry", "disgust", "fear", "happy", "sad", "surprise", "neutral"]
# 绘图显示
plot_analyzed_emotion(predicted_probs[0], class_list)
```

上面代码的输出结果如图 10-4 所示。从图 10-4 所示的直方图中可以看出，这幅图像中的人脸表情为生气（Angry）的概率最高，由此可得该人物的表情为生气。

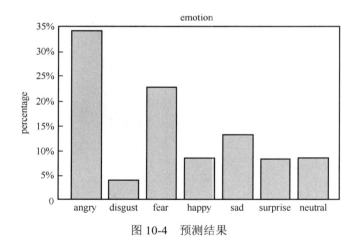

图 10-4   预测结果

接下来我们对 8 幅测试图像一一进行识别，并展示预测结果，具体代码如下。在这里，我们只把概率最大的结果显示在图像上。

```
from glob import glob
import matplotlib
import matplotlib.pyplot as plt
import cv2
import numpy as np
from PIL import ImageFont, ImageDraw, Image
import random
def plot_emotion_faces(filepaths):
```

```
# 定义矩阵排列的绘图函数
# 将文件路径的数组随机打乱
random.shuffle(filepaths)
# 加载宋体字体
fontpath = "simsun.ttc"
font = ImageFont.truetype(fontpath, 30)
# 创建 2 行 4 列的 figure 对象
fig, axes = plt.subplots(nrows = 2, ncols = 4)
# 设置整体宽和高
fig.set_size_inches(20, 6)
index = 0
# 遍历 2 行
for row_index in range(2):
    # 遍历 4 行
    for col_index in range(4):
        # 通过 load_img 函数对加载的图像进行识别，并返回类别概率
        predicted_probs = loaded_model.predict(load_img(filepaths[index]))
        # 将类别概率数组提取出来
        probs = predicted_probs[0]
        # 获取最大类别概率的数组索引
        max_index = np.argmax(probs)
        # 获取最大类别概率的值
        probs_val = probs[max_index]
        # 获取最大类别概率的具体中文名称
        emotion = class_list[max_index]
        # 拼接类别名称和概率值的字符串
        emotion_text = emotion + ":" + str(round(probs_val * 100, 2)) + "%"
        # 以下是将识别到的概率名称和值的字符串显示在图像左上角
        # 从文件路径读取图像
        img = matplotlib.image.imread(filepaths[index])
        # 将图像转换为 RGB 模式
        img_PIL = Image.fromarray(cv2.cvtColor(img, cv2.COLOR_BGR2RGB))
        # 创建绘图对象
        draw = ImageDraw.Draw(img_PIL)
        # 绘制概率的字符串到图像左上角 x=30 和 y=5 的位置
        draw.text((30, 5), emotion_text, font = font, fill = (0, 0, 255))
        # 再将图像从 RGB 模式转换到 BGR 模式
        final_img = cv2.cvtColor(np.asarray(img_PIL), cv2.COLOR_RGB2BGR)
        # 获取 matplotlib 的 Axes 对象
        ax = axes[row_index, col_index]
        # 显示图像到指定位置
        ax.imshow(final_img)
        index += 1
# 加载需要识别的图像，路径根据实际存放位置而定
test_img_filenames = glob("test_set/emotions/*.jpg")
# 绘图显示
plot_emotion_faces(test_img_filenames)
```

上面代码的输出结果如图 10-5 所示。

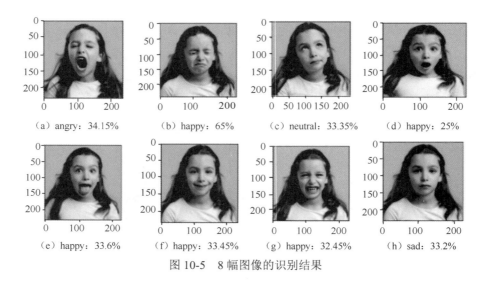

（a）angry：34.15%　（b）happy：65%　（c）neutral：33.35%　（d）happy：25%

（e）happy：33.6%　（f）happy：33.45%　（g）happy：32.45%　（h）sad：33.2%

图 10-5　8 幅图像的识别结果

10.5　本章小结

本章搭建了识别 Fer2013 数据集的神经网络模型，并优化参数使得模型的准确率由 0.229 0 提升至 0.534 6。

学习完本章，读者需要掌握以下知识点。

（1）了解 Fer2013 数据集的结构和属性。

（2）使用 NumPy 相关方法对数据集进行分割和预处理，并用 Keras 的图像数据生成器 ImageDataGenerator 对数据进行增强处理。

（3）使用 PIL 库结合 matplotlib，对预测结果进行可视化展示。

第 11 章

构建生成对抗网络
生成 MNIST 模拟数据集

生成对抗网络（Generative Adversarial Network，GAN）是蒙特利尔大学教授伊恩·古德费洛和其他研究人员在 2014 年提出的一种神经网络结构。生成对抗神经网络是基于对抗性训练的理念，让两个神经网络互相竞争，其中一个负责伪装，使自己更像真实数据；另一个负责尽力"揭穿"对方是模拟数据。理论上，生成对抗网络模仿数据的能力是无限的，一旦成功训练出生成对抗网络，那么它就能进行艺术创作，如创作歌曲、图像，甚至是视频。

学习目标

- 掌握生成对抗网络的概念和原理。
- 掌握不同种类生成对抗网络的作用。
- 掌握 InfoGAN 神经网络的构建和训练流程。

11.1 生成对抗网络概述

生成对抗网络主要由两个神经网络组成，其中一个神经网络用于生成模拟数据，另一个神经网络用于判断传递的数据是真实的还是模拟的。这两个神经网络通常被称为生成器和判别器，生成器试图欺骗判别器，判别器则努力不被生成器欺骗。模型通过互相训练使各自的能力都能得到提升。由于存在这种对抗关系，故整个系统称为生成对抗网络。下面将详细介绍生成对抗网络中的生成器和判别器。

生成器：是一个深度神经网络，接收随机噪声，能根据真实的训练数据产生相同分布的样本。

判别器：也是一个深度神经网络，用于判断输入的数据是真实的还是生成器生成的。它的输入是 x（如图像）；输出是 $D(x)$ 表示 x 为真实数据的概率。若为 $D(x)=1$，则表示 x 是真实数据；若 $D(x)=0$，则表示是生成器生成的数据。

在生成对抗网络的训练过程中，生成器的目标是尽量生成以假乱真的数据"欺骗"判别器，而判别器的目标是尽量把真实数据和生成器生成的数据区分开来，这样两者相当于一个动态博弈过程。博弈的结果是：对于生成器产生的数据 $G(z)$，判别器难以判定该数据是否是真实的，因此 $D(G(z))=0.5$，其中 z 表示随机噪声，即判别出数据是真实或模拟的概率各有 50%。对抗生成网络的结构如图 11-1 所示。

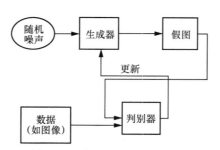

图 11-1　生成对抗网络的结构

对抗生成网络的特点如下。

（1）包含两个不同的神经网络，并且采用的训练方式是对抗训练。

（2）生成器的梯度更新信息来自判别器，而不是来自数据样本。

（3）采用无监督的学习方式进行训练，因而可以被广泛用于无监督学习和半监督学习应用。

（4）更适合产生图像类模拟数据，不适合产生文本类模拟数据。

生成对抗网络的训练会根据生成器和判别器结构的不同而选择不同的训练方法，这些方法的原理都是在迭代训练的优化过程中进行两个神经网络的优化。有的方法会在一个优化步骤中对两个神经网络进行优化，有的方法会对两个神经网络采取不同的优化步骤。

11.2　生成对抗网络的种类

生成对抗网络为深度神经网络提供了一种对抗训练的方式，通过两个模型互相竞争，最终得到一个能以假乱真的模拟数据生成器。但是，生成对抗网络存在以下问题。

难以训练：在训练过程中，为了保证模型收敛，每个回合中应该先训练判别器，再训练生成器。大多数情形下，生成器的进度要比判别器慢。若发现判别器损失值降为 0，则模型训练肯定出现了问题。

模型坍塌：生成器开始单一地、重复地生成完全一致的图像。

计数和角度不易调控：如在人脸合成中，计算机可能会合成有 3 只眼睛的人脸，而这样的人脸在真实世界中并不存在，这说明生成器学到的真实数据的分布并不全面。

为了解决以上问题，生成对抗网络产生了不同的变体。已有变体达数 10 种，下面我们介绍常见的几种变体。

11.2.1　DCGAN

深度卷积生成对抗网络（Deep Convolutional Generative Adversarial Network，DCGAN）。和生成对抗网络一样，DCGAN 同样具有生成器和判别器这两个神经网络，并在此基础上把卷积神经网络技术用于生成对抗网络的结构中。生成器在生成数据时，使用反卷积重构技术来重构原始图像。判别器则用卷积技术来识别图像特征，进而作出判别。DCGAN 的生成器和判别器都采用 4 层结构，其中基于反卷积重构的生成器结构如图 11-2 所示。在 DCGAN 的生成器中，首先输入维度为 1×100 的向量，然后经过一个全连接层的学习，将向量重构为一个 4×4×1 024 的张量，最后经过 4 个反卷积层，生成 64 像素×64 像素的图像。

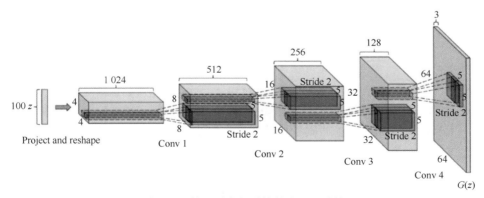

图 11-2　基于反卷积重构的生成器结构

DCGAN 生成器中各层的配置见表 11-1。

表 11-1　DCGAN 生成器中各层的配置

生成器反卷积层	输入、输出图像的维度	输入、输出图像的通道数/个
deconv1	4×4、8×8	512、256
deconv2	8×8、16×16	256、128
deconv3	16×16、32×32	128、64
deconv4	32×32、64×64	64、3

　　DCGAN 的判别器为常规的卷积神经网网络，输入为 64 像素×64 像素的图像，经过 4 次卷积运算，将图像分辨率降低到 4 像素×4 像素。DCGAN 判别器的结构如图 11-3 所示。其卷积层的配置如下。

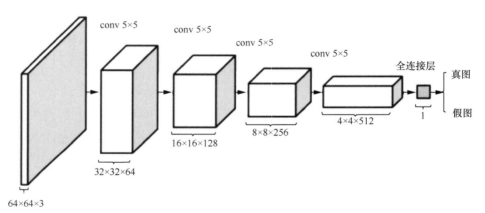

图 11-3　DCGAN 判别器的结构

表 11-2　卷积层的配置

判别器卷积层	输入、输出图像分辨率像素	输入、输出图像的通道数/个
conv1	64×64、32×32	3、64
conv2	32×32、16×16	64、128
conv3	16×16、8×8	128、256
conv4	8×8、4×4	256、512

　　生成器和判别器采用的损失函数是 sigmoid 函数。此外，DCGAN 中的卷积神经网络具有以下优势，可以提高样本的质量和模型的收敛速度。

　　（1）生成器中取消所有池化层，使用反卷积且采样步长大于或等于 2。

　　（2）生成器中加入步数（Stride）的卷积代替池化层。

　　（3）去掉了全连接层，使神经网络变为全卷积神经网络。

　　（4）生成器中使用 ReLU 作为激活函数，最后一层使用 Tanh 作为激活函数。

　　（5）判别器中使用 LeakyReLU 函数作为激活函数。

11.2.2　InfoGAN

InfoGAN 把信息论与生成对抗网络相融合，使网络具有信息解读功能。

生成对抗网络的生成器在构建模拟数据时使用了随机噪声，并从低维噪声数据中还原出高维的模拟数据，这说明随机噪声中含有与样本数据相同的特征。但是，随机噪声中的特征数据与无用的数据部分地纠缠在一起，因而我们无法知道哪些是有用的特征数据。InfoGAN 是生成对抗网络模型的一种改进模型，成功地让生成器学到了可解释的特征数据，有效地避免了生成对抗网络存在的无约束、不可控等问题。

InfoGAN 将输入生成器的随机噪声分成两部分：一部分是随机噪声；另一部分是由若干个隐变量拼接而成的 c，c 可以是先验的概率分布，其值可以是离散的也可以是连续的，用来表示生成模拟数据的不同特征。例如，对于 MNIST 数据集而言，c 包含离散部分和连续部分，离散部分为值在 0～9 之间的离散随机变量（表示数字），连续部分可以是两个连续型随机变量（分别表示倾斜度和粗细度）。InfoGAN 的基本结构如图 11-4 所示。

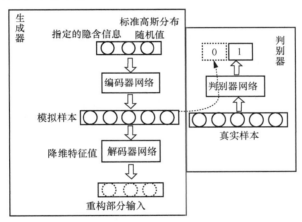

图 11-4　InfoGAN 的基本结构

在图 11-4 中，由编码器网络生成的数据传入到判别器网络中，与真实数据一起进行真假判别，并根据判断的结果更新编码器网格和判别器网络，从而使生成的数据接近真实数据。生成的数据还要经过解码器网络生成新的隐变量 c'，新的隐变量 c' 再一次作为编码器网格的输入，并重复上述步骤，使得再次生成的数据与真实数据更接近。

11.2.3　AEGAN

自编码器生成对抗网络（Auto-Encoder GAN，AEGAN）是非监督学习中的一种神经网络，可以自动从未经标注的数据中学习特征。AEGAN 可以给出比原始数据更好的特征描述，具有较强的特征学习能力，其目标是重构输入信号。在深度学习中，AEGAN 常用编码器网络生成的特征来取代原始数据，以得到更好的结果。

自编码器是经典的生成器方法，其结构如图 11-5 所示。

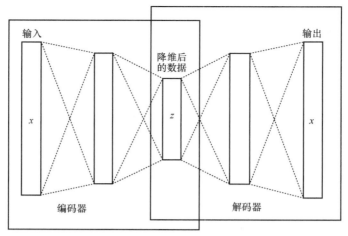

图 11-5　自编码器的结构

自编码器和 GAN 的不同之处在于 AEGAN 中没有判别器，AEGAN 的优化目标只是让 x 和 $G(E(x))$ 尽量在像素值上接近，其中，x 表示输入数据，$E(x)$ 表示降维后的数据，$G(E(x))$ 表示解码器解码之后的输出数据。而 AEGAN 就是生成对抗网络与自编码器的组合。将生成对抗网络生成器中的解码器替换为自编码器中的解码网络，就可以实现一个基本的 AEGAN。AEGAN 的结构如图 11-6 所示。

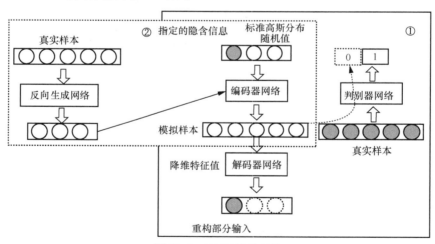

图 11-6　AEGAN 的结构

AEGAN 的原理与 GAN 随机生成噪声数据 z 不同，AEGAN 是先将固定的复杂样本作为网络输入，再慢慢调整网络输出来匹配标准高斯分布。

11.2.4　SRGAN

1. SR 技术

超分辨率（Super-Resolution，SR）技术指的是对低分辨率图像进行重建，生成相应的高分辨率图像的技术，在诸多领域都有很高的应用价值，例如监控、卫星、医学影像、图像恢复等。目前 SR 技术分为两类：从多幅低分辨率图像中重建出高分辨率图像；从单幅低分辨率图像中重建出高分辨率图像。

基于深度学习的 SR 技术主要是基于单幅图像超分辨率（Single Image Super Resolution，SISR）重建来实现的。对于一个低分辨率图像和与之对应的高分辨率图像来说，它们之间会存在许多不同之处。为了让目标图像与真实图像更加接近，需要给模型添加一定的约束，规定在某个领域中单独进行可逆训练。而这个所谓的约束，就是指现有的低分辨率像素的色度信息与位置信息。为了能让模型更好地学习并利用这些信息，基于深度学习的 SR 技术通过神经网络直接优化低分辨率图像到高分辨率图像的损失函数，并进行端到端训练，以实现超分辨率图像重建功能。

2．深度学习中的 SR 技术

在生成对抗网络出现之前，SR 技术以基于 SRCNN、DRCN 为主，其主要思想是将低分辨率的图像进行扩大，再通过卷积方式进行训练，并对真实分辨率图像的损失值进行优化，最终生成模型。在这个过程中，研究人员总结了很多经验参数。例如在 SRCNN 中使用 3 个步长为 1 的同卷积层，得到的输出效果会更好。这 3 个同卷积层分别是：提取图像特征层，其卷积核尺寸大小为 9，输入通道数为 1，输出通道数为 64；非线性映射层，其卷积核尺寸大小为 1，输入通道数为 64，输出通道数为 32；重构图像层，其卷积核尺寸 5，输入通道数为 32，输出通道数为 1。接着出现了一种 ESPCN 的方法，效果更加高效，ESPCN 的核心理念是先对低像素图像进行卷积操作，输出一个含有多特征图的结果，总像素灰度值和高分辨率像素灰度值的总和是一致的，然后再将低分辨率图像合成高分辨率图像。例如，先将低分辨率图像的像素值扩大 2 倍，进行卷积操作，最终输出放大倍数的平方（2×2）个特征图。以灰度图为例，将 4 幅图像中的第一个像素取出作为重构图中的 4 个像素，依此类推，重构图中的每个大小为 2×2 的区域都是由这 4 幅图像对应位置的像素组成，最终形成维度为[batch_size, 2×W, 2×H, 1]的高分辨率图像，这个变换被称为 Sub-Pixel Convolution，如图 11-7 所示。

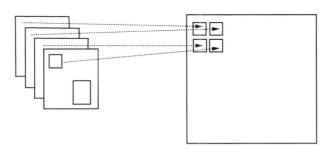

图 11-7　Sub-Pixel Convolution

3．SRGAN

随着生成对抗网络的出现，SRGAN 技术逐渐被形成了。SRGAN 的中心思想是：无论是在低层次的像素值上，还是在高层次的抽象特征、整体概念及风格上，SRGAN 使重建后的高分辨率图像非常接近真实的高分辨率图像。深度学习算法中使用判别器对整体概念和风格进行评估，判断一幅图像是真实图像还是由算法生成的图像。如果判别器无法区分，那么由算法生成的图像就成功实现了超分辨率修复。

11.3 使用 InfoGAN 生成 MNIST 模拟数据集

我们使用 InfoGAN 来生成 MNIST 模拟数据集，先创建一个项目文件夹作为项目目录，然后进入此目录，打开 Jupyter Notebook，创建一个 Python 文件。

首先，我们引入头文件并加载 MNIST 数据集，将 MNIST 数据集的原始数据存储在本地磁盘当前目录的"MNIST_data/"下。具体代码如下。

```python
import numpy as np
import tensorflow as tf
import matplotlib.pyplot as plt
from scipy.stats import norm
import tensorflow.contrib.slim as slim
from tensorflow.examples.tutorials.mnist import input_data
# 加载 MNIST 数据集
mnist = input_data.read_data_sets("MNIST_data/")
```

然后，我们构造默认张量图，定义生成器与判别器。

生成器使用反卷积函数来生成图像，通过"两层全连接层＋两个反卷积层"模拟数据的生成，并且每一层都批量进行归一化处理。生成器的定义如下。

```python
# 构造默认张量图
tf.reset_default_graph()
# 定义 InfoGAN 的生成器
def generator(x):
    reuse = len([t for t in tf.global_variables() if t.name.startswith
('generator')]) > 0
    # print (x.get_shape())
    with tf.variable_scope('generator', reuse = reuse):
        # 建立第一层全连接层
        x = slim.fully_connected(x, 1024)
        # 对输入噪声数据，采用激活函数 ReLU 进行批量归一化处理
        x = slim.batch_norm(x, activation_fn = tf.nn.relu)
        # 建立第二层全连接层
        x = slim.fully_connected(x, 7 * 7 * 128)
        # 对输出数据采用激活函数 ReLU 批量进行归一化处理
        x = slim.batch_norm(x, activation_fn = tf.nn.relu)
        x = tf.reshape(x, [-1, 7, 7, 128])
        # 进行第一次反卷积操作
        x = slim.conv2d_transpose(x, 64, kernel_size = [4,4], stride = 2,
activation_fn = None)
        # 批量归一化处理
        x = slim.batch_norm(x, activation_fn = tf.nn.relu)
        # 进行第二次反卷积操作
        z = slim.conv2d_transpose(x, 1, kernel_size = [4, 4], stride = 2,
activation_fn = tf.nn.sigmoid)
```

```
        return z
```

判别器采用常用的卷积神经网络对生成模型生成的图像和真实图像进行判别，其采用 "两个卷积层＋两层全连接层" 这种结构。判别器 discriminator 的定义如下。

```
# 构造 leaky_relu 激活函数
def leaky_relu(x):
     return tf.where(tf.greater(x, 0), x, 0.01 * x)
# 定义 InfoGAN 的判别器，判别器是常用的卷积神经网络
def discriminator(x, num_classes = 10, num_cont = 2):
    reuse = len([t for t in tf.global_variables() if t.name.
startswith('discriminator')]) > 0
    with tf.variable_scope('discriminator', reuse = reuse):
        x = tf.reshape(x, shape = [-1, 28, 28, 1])
        # 构造两层卷积层
        x = slim.conv2d(x, num_outputs = 64, kernel_size = [4,4], stride = 2,
activation_fn = leaky_relu)
        x = slim.conv2d(x, num_outputs = 128, kernel_size = [4,4], stride = 2,
activation_fn = leaky_relu)
        x = slim.flatten(x)
        # 构造两层全连接层
        shared_tensor = slim.fully_connected(x, num_outputs = 1024,
activation_fn = leaky_relu)
        recog_shared = slim.fully_connected(shared_tensor, num_outputs = 128,
activation_fn = leaky_relu)
        disc = slim.fully_connected(shared_tensor, num_outputs = 1,
activation_fn = None)
        disc = tf.squeeze(disc, -1)
        # 构造全连接输出层，第一层用于判别类型，第二层用于判别隐含信息
        recog_cat = slim.fully_connected(recog_shared, num_outputs = num_classes,
activation_fn = None)
        recog_cont = slim.fully_connected(recog_shared, num_outputs = num_cont,
activation_fn = tf.nn.sigmoid)
    return disc, recog_cat, recog_cont
```

最后我们定义 InfoGAN：定义 InfoGAN 的噪声维度为 38，噪声数据输入节点为 z_rand；隐含信息变量维度为 2，隐变量输入节点为 z_con。噪声数据和隐信息都是符合标准高斯分布的随机数，它们将与 one-hot 编码转换后的标签连接在一起，并被放到生成器中。具体代码如下。

```
# 获取样本数据的具体批次
batch_size = 10
# 10 个分类数量
classes_dim = 10
# 隐含信息变量维度为 2
con_dim = 2
# 噪声维度为 38
rand_dim = 38
n_input = 784
x = tf.placeholder(tf.float32, [None, n_input])
y = tf.placeholder(tf.int32, [None])
```

```
# 生成服从标准高斯分布的隐变量随机数
z_con = tf.random_normal((batch_size, con_dim))
# 生成服从标准高斯分布的噪声数据随机数
z_rand = tf.random_normal((batch_size, rand_dim))
# 将标签进行 one-hot 编码转换并与隐变量和噪声数据连接
z = tf.concat(axis = 1, values = [tf.one-hot(y, depth = classes_dim), z_con,
z_rand])#50 列
gen = generator(z)
genout= tf.squeeze(gen, -1)
```

定义一个值全为 0 的数组 y_fake 和一个值全为 1 的数组 y_real，用于对应判别器的输出结果，并且将 x 与生成的模拟数据 gen 放到判别器中，得到对应的输出，代码如下。

```
# 判别器的真标签
y_real = tf.ones(batch_size)
# 判别器的假标签
y_fake = tf.zeros(batch_size)
# 判别器对真实数据与模拟数据进行判断
disc_real, class_real, _ = discriminator(x)
disc_fake, class_fake, con_fake = discriminator(gen)
pred_class = tf.argmax(class_fake, dimension = 1)
```

在判别器中，判别结果的损失函数有两个：真实输入的结果与模拟输入的结果，两者取平均定义为 loss_d，生成器的损失函数为自己输出的模拟数据，定义为 loss_g。然后我们定义整个网络中共有的损失函数：真实的标签与输入真实样本判别出的标签、真实的标签与输入模拟样本判别出的标签、隐含信息的重构误差。最后，我们创建两个 AdamOptimizer 优化器，将这些损失值放入对应的优化器，根据损失值优化网络参数。代码如下。

```
# 判别器的损失函数
loss_d_r = tf.reduce_mean(tf.nn.sigmoid_cross_entropy_with_logits
(logits = disc_real, labels = y_real))
loss_d_f = tf.reduce_mean(tf.nn.sigmoid_cross_entropy_with_logits
(logits = disc_fake, labels = y_fake))
loss_d = (loss_d_r + loss_d_f) / 2
# 生成器的损失函数
loss_g = tf.reduce_mean(tf.nn.sigmoid_cross_entropy_with_logits
(logits = disc_fake, labels = y_real))
# 真实的标签与输入模拟样本判别出的标签损失
loss_cf = tf.reduce_mean(tf.nn.sparse_softmax_cross_entropy_with_logits
(logits = class_fake, labels = y))
# 真实的标签与输入真实样本判别出的标签损失
loss_cr = tf.reduce_mean(tf.nn.sparse_softmax_cross_entropy_with_logits
(logits = class_real, labels = y))
# 误差取平均
loss_c = (loss_cf + loss_cr) / 2
# 隐含信息的重构误差
loss_con = tf.reduce_mean(tf.square(con_fake-z_con))
# 获得各网络中的训练参数
t_vars = tf.trainable_variables()
d_vars = [var for var in t_vars if 'discriminator' in var.name]
g_vars = [var for var in t_vars if 'generator' in var.name]
```

```
disc_global_step = tf.Variable(0, trainable = False)
gen_global_step = tf.Variable(0, trainable = False)
# 创建 AdamOptimizer 优化器，根据损失值优化网络参数
train_disc = tf.train.AdamOptimizer(0.0001).minimize(loss_d + loss_c + loss_con,
var_list = d_vars, global_step = disc_global_step)
train_gen = tf.train.AdamOptimizer(0.001).minimize(loss_g + loss_c + loss_con,
var_list = g_vars, global_step = gen_global_step)
```

ACGAN 就是将 loss_cr 加入 loss_c。如果没有 loss_cr，则令 loss_c= loss_cf，这对网络生成数据是不影响的，但是却会损失真实分类与生成数据间的对应关系。

接下来我们进行训练与测试。训练主要考虑构建会话，在训练循环中使用 run 函数来运行前面构建的两个优化器；测试神经网络收敛性分别通过使用判别器的损失函数 loss_d 和生成器的损失函数 loss_g 的 eval 函数来完成。具体代码如下。

```
training_epochs = 1
display_step = 1
# 建立会话单元
with tf.Session() as sess:
    #初始化网络中的变量
    sess.run(tf.global_variables_initializer())
    for epoch in range(training_epochs):
        avg_cost = 0.
        total_batch = int(mnist.train.num_examples/batch_size)
        # 遍历全部数据集
        for i in range(total_batch):
            batch_xs, batch_ys = mnist.train.next_batch(batch_size)
            #取数据
            feeds = {x: batch_xs, y: batch_ys}
            # 通过会话 sess 调用损失计算与优化器，优化网络参数。
            l_disc, _, l_d_step = sess.run([loss_d, train_disc,
disc_global_step], feeds)
            l_gen, _, l_g_step = sess.run([loss_g, train_gen,
gen_global_step], feeds)
        # 显示训练中的详细信息
        if epoch % display_step == 0:
            print("Epoch:", '%04d' % (epoch + 1), "cost=", "{:.9f}
".format(l_disc), l_gen)
    print("完成!")
    # 测试网络参数结果并输出
    print ("Result:", loss_d.eval({x: mnist.test.images[:batch_size],
y:mnist.test.labels[:batch_size]}), loss_g.eval({x: mnist.test.
images[:batch_size], y:mnist.test.labels[:batch_size]}))
```

上面代码的运行结果如下。

```
Epoch: 0001 cost = 0.534566522  0.77635765
完成!
Result: 0.50328386 0.97781026
```

可以看出，判别器的误差约为 0.503 3。这说明 InfoGAN 判断数据是真假的概率各占一半，即无法分辨真假数据。

接下来将 InfoGAN 网络产生 MNIST 数据集的结果进行可视化呈现，主要展示两组图像：原原样本与对应的模拟数据图像，以及原样本与利用隐含信息生成的模拟样本图像。InfoGAN 网络可视化代码如下。

```
# 根据真实图像模拟生成图像，并进行展示
    show_num = 10
    gensimple, d_class, inputx, inputy, con_out = sess.run(
        [genout, pred_class, x, y, con_fake], feed_dict = {x: mnist.test.images
[:batch_size], y: mnist.test.labels[:batch_size]})
    f, a = plt.subplots(2, 10, figsize = (10, 2))
    for i in range(show_num):
        a[0][i].imshow(np.reshape(inputx[i], (28, 28)))
        a[1][i].imshow(np.reshape(gensimple[i], (28, 28)))
        print("d_class", d_class[i], "inputy", inputy[i], "con_out", con_out[i])
    plt.draw()
    plt.show()
    # 利用生成器生成模拟图像并展示
    my_con=tf.placeholder(tf.float32, [batch_size,2])
    myz = tf.concat(axis=1, values=[tf.one-hot(y, depth = classes_dim),
my_con, z_rand])
    mygen = generator(myz)
    mygenout= tf.squeeze(mygen, -1)
    my_con1 = np.ones([10, 2])
    a = np.linspace(0.0001, 0.99999, 10)
    y_input= np.ones([10])
    figure = np.zeros((28 * 10, 28 * 10))
    my_rand = tf.random_normal((10, rand_dim))
    for i in range(10):
        for j in range(10):
            my_con1[j][0] = a[i]
            my_con1[j][1] = a[j]
            y_input[j] = j
        mygenoutv = sess.run(mygenout, feed_dict = {y:y_input, my_con:my_con1})
        for jj in range(10):
            digit = mygenoutv[jj].reshape(28, 28)
            figure[i * 28: (i + 1) * 28,
                jj * 28: (jj + 1) * 28] = digit
    plt.figure(figsize = (10, 10))
    plt.imshow(figure, cmap = 'Greys_r')
    plt.show()
```

上面代码的运行结果如下，得到的结果如图 11-8 所示。

```
d_class 7 inputy 7 con_out [4.6624273e-02 7.8707933e-05]
d_class 2 inputy 2 con_out [0.01572856 0.99631727]
d_class 1 inputy 1 con_out [0.00936872 0.00050005]
d_class 0 inputy 0 con_out [0.69867146 0.00087583]
d_class 4 inputy 4 con_out [0.03106463 0.4140397 ]
d_class 1 inputy 1 con_out [0.9604014  0.01501203]
d_class 4 inputy 4 con_out [0.99215627 0.04727075]
d_class 9 inputy 9 con_out [0.4569907  0.05592918]
```

```
d_class 5 inputy 5 con_out [0.00349674 0.9190745 ]
d_class 9 inputy 9 con_out [1.8598088e-05 4.0165864e-02]
```

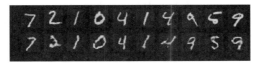

图 11-8　InfoGAN 运行结果

图 11-8 中，第一个行是真实图像数据，第二行是由生成器生成的模拟图像数据，可以观察到，隐含信息中某些维度具有非常显著的语义信息，例如，第二个元素 "2" 的位置维度数值很大，表现出来就是倾斜程度较大；同样地第 5 个元素 "4" 会看上去粗一些。所以显然 InfoGAN 网络模型已经学到了 MNIST 数据集的重要特征信息。图 11-9 是 InfoGAN 网络模型通过更改隐含信息生成的模拟图像数据。

图 11-9　InfoGAN 生成的模拟图像

11.4　本章小结

本章通过构建生成对抗网络模型生成 MNIST 模拟数据集。在实验结果中，我们可以观察到除了可控的类别信息一致外，隐含信息中某些维度具有非常显著的语义信息。网络模型已经学到了 MNIST 数据集的重要信息（主成分）。

学习完本章，读者需要掌握以下知识点。

（1）生成对抗网络的本质就是两个神经网络模型，其中一个负责生成以假乱真的数据，另一个尽力识别出数据的真实性，通过对抗训练来增强彼此的能力。

（2）掌握 InfoGAN 模型的构建和训练方法。

（3）掌握生成器和判别器的构建方法。

第 **12** 章

项目5：使用 SRGAN 实现 Flowers 数据集的超分辨率修复

SRGAN 的目标是重建后的高分辨率图像和真实的高分辨率图像无论是在低层次的像素值还是高层次的抽象特征、整体概念及风格上都非常接近，其中整体概念和风格可以使用判别器进行评估，对于一幅图像来说，如果判别器无法区分它是真实图像还是由算法生成的图像，那么由算法生成的图像就成功达到了图像超分辨率修复的目标。

学习目标

- 掌握 SRGAN 的原理和应用。
- 掌握 Flowers 数据集的预处理和预训练模型环境搭建步骤。
- 掌握 SRGAN 的生成器、判别器构建方法及训练步骤。

12.1 准备数据

本章将使用 Flowers 数据集，该数据集包括 5 类花卉：邹菊（Daisy）、蒲公英（Dandelion）、玫瑰（Rose）、向日葵（Sunflower）、郁金香（Tulip）。这 5 类花卉共有近 4 000 幅图像。

Flowers 数据集可从本教材配套资源中获取，数据集的结构如图 12-1 所示。为了满足训练需求，这里的图像格式都已经被转化成 tfrecord 格式。

```
ubuntu@a110dd21365f:~/SRGAN-flowers$ ls -la
total 561228
drwxrwxr-x 5 ubuntu ubuntu      4096 Aug 22 09:58 .
drwxr-xr-x 1 ubuntu ubuntu      4096 Dec 12 22:15 ..
drwxrwxr-x 2 ubuntu ubuntu      4096 Dec  4 2020 data
drwxrwxr-x 2 ubuntu ubuntu      4096 Jul 26 11:12 datasets
drwxrwxr-x 4 ubuntu ubuntu      4096 Jul 26 11:12 nets
-r--r--r-- 1 ubuntu ubuntu 574676276 Aug 19 11:41 vgg_19.ckpt
```

图 12-1　Flowers 数据集结构

我们打开 Jupyter Notebook，在与 data 文件夹和 dataset 文件夹相同的目录下创建 Python 文件，以便引用数据集。引入并处理数据集的代码具体如下。

```python
import tensorflow as tf
import numpy as np
import matplotlib.pyplot as plt
import time
import os
from datasets import flowers
from nets import vgg


slim = tf.contrib.slim
# 设置图像的长度和宽度
height = width = 256
batch_size = 1
# 数据路径，如果实际存放位置不同则需要相应修改
DATA_DIR = "/home/ubuntu/data"
# 选择数据集 validation
dataset = flowers.get_split('validation', DATA_DIR)
# 创建一个 provider 模型
provider = slim.dataset_data_provider.DatasetDataProvider(dataset, num_readers = 2)
# 通过 provider 的 get 函数读取内容
[image, label] = provider.get(['image', 'label'])
print(image.shape)
# 打印的图像维度如下。
(?,?,3)
```

接下来，我们对图像进行裁剪和归一化处理，具体代码如下。

```
# 裁剪图像，使它们的维度得到统一
distorted_image = tf.image.resize_image_with_crop_or_pad(image, height, width)
# 对图像尺寸进行裁剪，如果图像维度小于指定维度，则对其进行填充
images, labels = tf.train.batch([distorted_image, label], batch_size =
batch_size)
print(images.shape)
images = tf.cast(images, tf.float32)
# 维度变为原来的 1/16
x_smalls = tf.image.resize_bicubic(images, [np.int32(height / 4), np. int32(width /
4)])
# 将输入样本进行归一化处理
x_smalls2 = x_smalls/127.5 - 1
# 还原
x_nearests = tf.image.resize_images(x_smalls, (height, width), tf.image. ResizeMethod.
NEAREST_NEIGHBOR)
x_bilins = tf.image.resize_images(x_smalls, (height, width), tf.image. ResizeMethod.
BILINEAR)
x_bicubics = tf.image.resize_images(x_smalls, (height, width), tf.image. ResizeMethod.
BICUBIC)
```

图像中的像素值都在 0～255 之间。除以 127.5（即 255/2）后，值会在 0～2 之间，再减去 1，就得到了 x_smalls2 的值，这也是一种归一化处理方法。读者也可以采用前文中介绍的归一化方法（即除以 255）进行处理。

12.2　构建模型

12.2.1　构建生成器

构建生成器的代码如下。

```
def gen(x_smalls2 ):
    net = slim.conv2d(x_smalls2, 64, 5,activation_fn = leaky_relu)
    block = []
    for i in range(16):
        block.append(residual_block(block[-1] if i else net, i))
    conv2 = slim.conv2d(block[-1], 64, 3,activation_fn = leaky_relu, normalizer_fn =
slim.batch_norm)
    sum1 = tf.add(conv2,net)
    conv3 = slim.conv2d(sum1, 256, 3, activation_fn = None)
    ps1 = tf.depth_to_space(conv3,2)
    relu2 = leaky_relu(ps1) = slim.conv2d(relu2, 256, 3,activation_fn = None)
    ps2 = tf.depth_to_space(conv4,2)  # 将图像放大两倍
    relu3 = leaky_relu(ps2)
    y_predt = slim.conv2d(relu3, 3, 3, activation_fn = None) # 输出
    return y_predt
```

12.2.2　VGG 的预输入处理

VGGNet 是牛津大学计算机视觉组和 Google DeepMind 公司的研究人员一起研发的深度卷积神经网络，VGG 主要探究了卷积神经网络的深度和其性能之间的关系。通过反复堆叠大小为 3×3 的小卷积核和大小为 2×2 的最大池化层，VGGNet 成功地搭建了 16（VGG-16）～19（VGG-19）层的深度卷积神经网络（即由低层级的神经网络经过算法之后搭建了高层级的神经网络）。VGG 的泛化能力非常好，在不同的图像数据集上都有良好的表现。目前，VGG 依然经常被用来提取特征图像。

为了得到生成器基于内容的损失值，我们要分别获得图像的特征，需要使用 VGG 网络来提取特征，因此本例会用到预训练模型 VGG19，将生成器生成的图像与真实图像分别输入 VGG 以获得它们的特征，然后在特征空间上计算损失值。我们先将低分辨率图像作为输入放进生成器函数 gen 中，得到生成图像 resnetimg，并将图像还原成值在 0～255 之间的正常像素；同时定义生成器的训练参数 gen_var_list，为后面优化器的使用做准备。

使用 VGG 模型时，必须在输入之前对图像的 R 通道、B 通道、G 通道进行均值处理。我们先定义处理 RGB 通道均值的函数，然后对图像进行变换处理，具体代码如下。

```
def rgbmeanfun(rgb):
    _R_MEAN = 123.68
    _G_MEAN = 116.78
    _B_MEAN = 103.94
    print("build model started")
    # 将 RGB 转化成 BGR
    red, green, blue = tf.split(axis = 3, num_or_size_splits = 3, value = rgb)
    rgbmean = tf.concat(axis = 3, values = [red - _R_MEAN,green - _G_MEAN,
blue - _B_MEAN,])
    return rgbmean
# 将低分辨率图像作为输入放进生成器函数 gen 中，得到生成图像 resnetimg
resnetimg = gen(x_smalls2)
# 将图像还原成值在 0~255 之间的正常像素
result = (resnetimg + 1) * 127.5
# 定义生成器的训练参数 gen_var_list，为后面优化器使用做准备
gen_var_list = tf.get_collection(tf.GraphKeys.TRAINABLE_VARIABLES)
y_pred = tf.maximum(result, 0)
y_pred = tf.minimum(y_pred, 255)
dbatch = tf.concat([images, result], 0)
# 对图像做 RGB 通道均值的预处理
rgbmean = rgbmeanfun(dbatch)
```

12.2.3　计算 VGG 特征空间的损失值

VGG 中的前 5 个卷积层用于特征提取，所以在使用时，只取其第 5 个卷积层的输出节点。我们可以通过 slim 函数中 nets 文件夹下对应的 VGG 源码找到指定节点的名称，或者直接在 models\slim\nets 文件夹下打开 vgg_test.py 文件，找到 testEndPoints 函数，其内容如下。

```
def testEndPoints(self):
    batch_size = 5
    height, width = 224, 224
    num_classes = 1000
    with self.test_session():
        inputs = tf.random_uniform((batch_size,height, width, 3))  _,
end_points = vgg.vgg_19(inputs, num_classes)
        expected_names = [
            'vgg_19/conv1/conv1_1',
            'vgg_19/conv1/conv1_2',
            'vgg_19/pool1',
            'vgg_19/conv2/conv2_1',
            'vgg_19/conv2/conv2_2',
            'vgg_19/pool2',
            'vgg_19/conv3/conv3_1',
            'vgg_19/conv3/conv3_2',
            'vgg_19/conv3/conv3_3',
            'vgg_19/conv3/conv3_4',
            'vgg_19/pool3',
            'vgg_19/conv4/conv4_1',
            'vgg_19/conv4/conv4_2',
            'vgg_19/conv4/conv4_3',
            'vgg_19/conv4/conv4_4',
            'vgg_19/pool4',
            'vgg_19/conv5/conv5_1',
            'vgg_19/conv5/conv5_2',
            'vgg_19/conv5/conv5_3',
            'vgg_19/conv5/conv5_4',
            'vgg_19/pool5',
            'vgg_19/fc6',
            'vgg_19/fc7',
            'vgg_19/fc8'
        ]
        self.assertSetEqual(set(end_points.keys()), set(expected_names))
```

上面代码中的 vgg_19/conv5/conv5_4 是我们想要的节点，那么我们直接将该字符串复制放到下面的代码中。

```
# VGG 特征值
_, end_points = vgg.vgg_19(rgbmean, num_classes = 1000,
is_training = False, spatial_squeeze = False)
conv54 = end_points['vgg_19/conv5/conv5_4']
print("vgg.conv5_4", conv54.shape)
fmap = tf.split(conv54, 2)
content_loss = tf.losses.mean_squared_error(fmap[0], fmap[1])
```

由于前面通过 concat 函数将两幅图像放一起来处理，因此当得到结果后，我们在上段代码中还要使用 split 函数将其分开，然后通过平方差算出基于特征空间的损失值。

12.2.4　构建判别器

判别器主要由一系列卷积层组合而成，并最终通过两个全连接层将图像映射到一维向量。判别器的构建代码如下。

```
def Discriminator(dbatch, name = "Discriminator"):
    with tf.variable_scope(name):
        net = slim.conv2d(dbatch, 64, 1, activation_fn = leaky_relu)
        ochannels = [64,128,128,256,256,512,512]
        stride = [2,1]
        for i in range(7):
            net = slim.conv2d(net, ochannels[i], 3, stride = stride
[i%2], activation_fn = leaky_relu, normalizer_fn = slim.
batch_norm, scope = 'block'+str(i))
        dense1 = slim.fully_connected(net, 1024, activation_ fn = leaky_relu)
        dense2 = slim.fully_connected(dense1, 1, activation_ fn = tf.nn.sigmoid)
        return dense2
```

12.2.5　计算损失值，定义优化器

将判别器的结果分开，便可得到真实图像与生成图像的判别结果，以 SRGAN 的方式计算生成器与判别器的损失值，在生成器中加入基于特征空间的损失值。下面我们获得判别器训练参数 disc_var_list，使用 AdamOptimizer 优化损失值，具体代码如下。

```
disc = Discriminator(dbatch)
D_x, D_G_z = tf.split(tf.squeeze(disc),2)
adv_loss = tf.reduce_mean(tf.square(D_G_z - 1.0))
loss_g = (adv_loss+content_loss)
loss_d = (tf.reduce_mean(tf.square(D_x - 1.0) + tf.square(D_G_z)))
disc_var_list = tf.get_collection(tf.GraphKeys.TRAINABLE_VARIABLES)
print("len-----", len(disc_var_list), len(gen_var_list))
for x in gen_var_list:
    disc_var_list.remove(x)
learn_rate = 0.001
global_step = tf.Variable(0, trainable = 0,name = 'global_step')
gen_train_step = tf.train.AdamOptimizer(learn_rate).minimize (loss_g, global_step,
gen_var_list)
disc_train_step = tf.train.AdamOptimizer(learn_rate).minimize (loss_d, global_step,
disc_var_list)
```

12.2.6　指定预训练模型路径

这次需要配置 3 个检查点路径，依次是本程序的 SRGAN 检查点文件、srResNet 检查点文件和 VGG19 文件。具体代码如下。

```
# 残差网络检查点文件相关定义
flags = 'b' + str(batch_size) + '_r' + str(np.int32(height/4)) + '_r' + str
(learn_rate) + 'rsgan'
save_path = 'save/srgan_' + flags
if not os.path.exists(save_path):
    os.mkdir(save_path)
saver = tf.train.Saver(max_to_keep = 1) # 生成 saver
srResNet_path = './save/tf_b16_h64.0_r0.001_res/'
srResNetloader = tf.train.Saver(var_list = gen_var_list)
```

```
# 生成 saver
# VGG 模型文件检查点
checkpoints_dir = 'vgg_19_2016_08_28'
init_fn = slim.assign_from_checkpoint_fn(
    os.path.join(checkpoints_dir, 'vgg_19.ckpt'), slim.get_model_variables('vgg_19'))
```

12.3 训练模型

首先，我们启动会话从检查点恢复变量，具体代码如下。

```
log_steps = 100
training_epochs = 16000
with tf.Session() as sess:
    sess.run(tf.global_variables_initializer())
    init_fn(sess)
    kpt = tf.train.latest_checkpoint(srResNet_path)
    print("srResNet_path", kpt, srResNet_path)
    startepo = 0
    if kpt != None:
        srResNetloader.restore(sess, kpt)
        ind = kpt.find("-")
        startepo = int(kpt[ind + 1:])
        print("srResNetloader global_step = ", global_step.eval(), startepo)
    kpt = tf.train.latest_checkpoint(save_path)
    print("srgan",kpt)
    startepo = 0
    if kpt != None:
        saver.restore(sess, kpt)
        ind = kpt.find("-")
        startepo = int(kpt[ind+1:])
        print("global_step=", global_step.eval(), startepo)
```

然后，我们启动带协调器的队列线程，开始训练。具体代码如下。

由于本章代码中的参数多、模型大、迭代时间长，因此需要加入监测点。这里涉及检查点的保存粒度，若间隔太小，则模型会因频繁地写文件而降低训练速度；若间隔太大，则训练过程中发生意外而暂停会导致浪费一部分训练时间。这时，我们可以通过 try 函数的方式在异常捕获时再保存一次检查点，这样可以把训练过程中的训练结果保存下来。

```
coord = tf.train.Coordinator()
  threads = tf.train.start_queue_runners(sess, coord)
  try:
    def train(endpoint, gen_step, disc_step):
        while global_step.eval() <= endpoint:
            if((global_step.eval() / 2)%log_steps == 0):
                d_batch = dbatch.eval()
                mse,psnr = batch_mse_psnr(d_batch)
                ssim = batch_ssim(d_batch)
                s = time.strftime('%Y-%m-%d %H:%M:%S:',time.localtime
(time.time())) + 'step=' + str(global_step.eval()) + 'mse=' + str(mse) + 'psnr=' +
str(psnr) + 'ssim=' + str (ssim) + 'loss_g=' + str(loss_g.eval()) + 'loss_d=' +
```

```
str(loss_d.eval()))
                print(s)
                f = open('info.train_' + flags,'a')
                f.write(s+'\n')
                    f.close()
                saver.save(sess, save_path + "/srgan.cpkt", global_step =
global_step.eval())
                sess.run(disc_step)
            sess.run(gen_step)
    train(training_epochs, gen_train_step, disc_train_step)
    print('训练完成')
    resultv,imagesv,x_smallv,x_nearestv,x_bilinv,x_bicubicv,y_predv = sess.run
([result,images,x_smalls,x_nearests,x_bilins,x_bicubics,y_pred])
    print("原",np.shape(imagesv),"缩放后的",np.shape(x_smallv))


    conimg1 = np.concatenate((imagesv,x_bilinv))
    ssim1=batch_ssim(conimg1)
    conimg2 = np.concatenate((imagesv,y_predv))
    ssim2=batch_ssim(conimg2)


    plt.figure(figsize=(20,10))
    showresult(161,"org",imagesv,imagesv,False)
    showresult(162,"small/4",imagesv,x_smallv,False)
    showresult(163,"near",imagesv,x_nearestv)
    showresult(164,"biline",imagesv,x_bilinv)
    showresult(165,"bicubicv",imagesv,x_bicubicv)
    showresult(166,"pred",imagesv,y_predv)
    plt.show()


    except tf.errors.OutOfRangeError:
    print('Done training -- epoch limit reached')
    except KeyboardInterrupt:
    print("Ending Training...")
    saver.save(sess, save_path + "/srgan.cpkt", global_step =
global_step.eval())
    finally:
    coord.request_stop()
    coord.join(threads)
```

运行上面代码，得到的结果如图 12-2 所示。

ong   small/4   ncar23 y:23 s:0.942185

（a）原图   （b）压缩1/4之后的效果图   （c）nearest算法 计算后效果图

图 12-2　Flowers 数据集超分辨率修复效果

（d）biline算法计算后的效果图　（e）bicubic算法计算后的效果图　（e）pred算法 计算后的效果图

图 12-2　Flowers 数据集超分辨率修复效果（续）

模型生成结果为图 12-2 中的最后一幅，每幅图像上都有其评分值。可以看到 SRGAN 得到的修复图像的评价值 0.963 976，不仅值最高，而且该图像比其他图像清晰很多。

12.4　本章小结

本章对上一章介绍的 SRGAN 进行了实现和测试，将 Flower 数据集中的图像转为低分辨率，通过使用 SRGAN 网络将其还原成高分辨率，并与其他复原函数的生成结果进行了比较。通过观察可以发现，SRGAN 生成的图像的清晰度得到了很大提升。

学习完本章，读者需掌握以下知识点。

（1）使用 slim 库创建一个 provider，以读取 tfrecord 格式的数据集文件。

（2）利用 VGG19 预训练模型，将生成的模拟图像与真实图像分别输入 VGG 模型，以获得它们的特征，然后在生成器损失值中加入基于特征空间的损失值。

（3）当训练量大时，可以加入监测点，在捕获到异常时保存模型的检查点，这样能够保存训练过程中的训练结果。